Technique Pratique

Entretien de votre auto

Jean-Philippe BROTHIER

REVUE TECHNIQUE Automobile

E-T-A-I

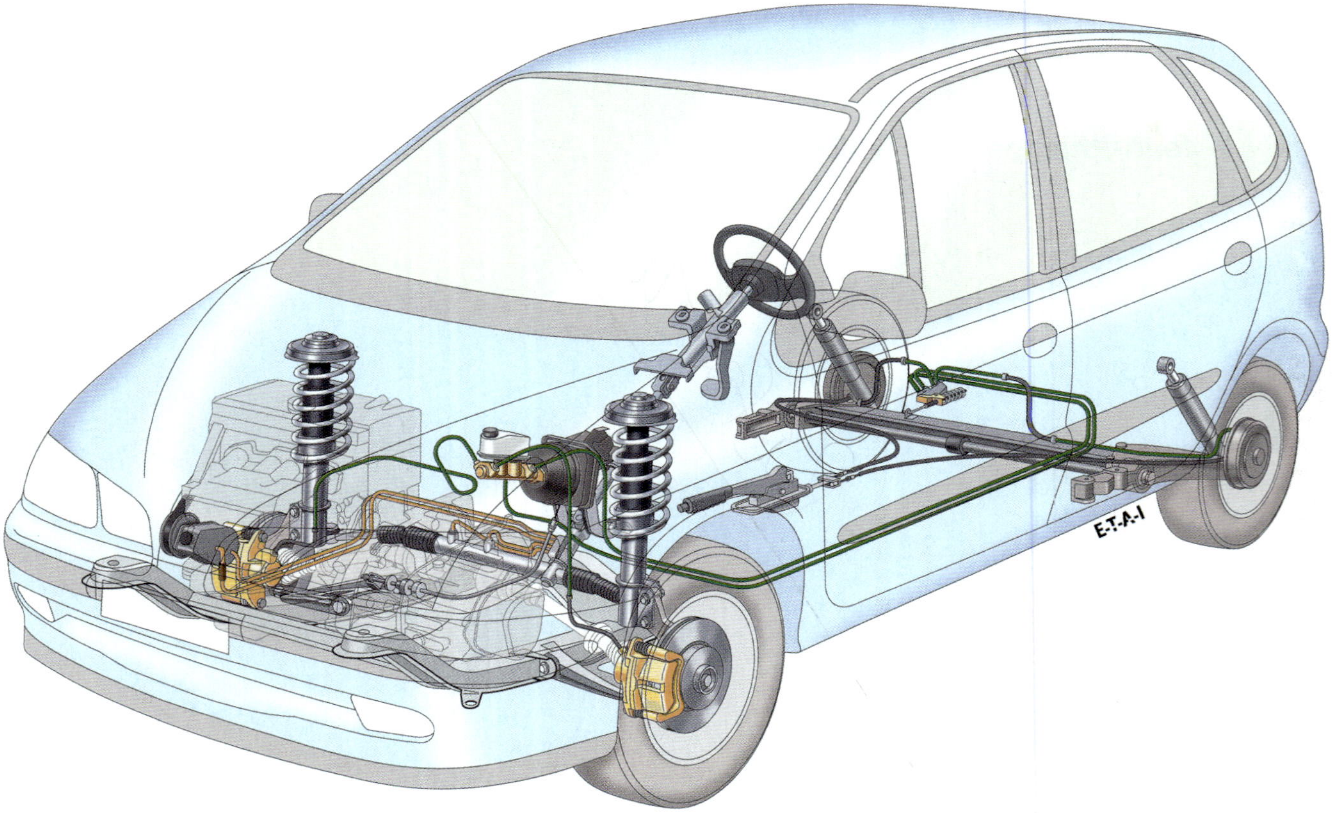
E-T-A-I

SOMMAIRE

L'AUTOMOBILISTE BCBG
(Bon Conducteur, Bon Garagiste)

Un automobiliste BCBG ne doit pas seulement bien conduire. Il doit également répondre à cinq obligations :

1. Connaître parfaitement le code de la route et le respecter à la lettre.
2. Maîtriser le fonctionnement de son véhicule, en connaître les possibilités, les performances et les limites.
3. Ne prendre la route que si toutes les conditions de sécurité sont rassemblées : bonnes conditions physiques du conducteur, bonnes conditions atmosphériques et ceintures de sécurité bien attachées, portes fermées, etc.
4. Conduire avec toujours à l'esprit le respect des autres et celui de l'environnement, ainsi que le souci d'économie de carburant.
5. Avoir un véhicule en parfait état de fonctionnement, bien préparé pour le trajet à effectuer et entretenu régulièrement selon les recommandations du constructeur.

Pour vous aider à être un "Bon Conducteur", voici quelques conseils :

Savoir anticiper

Pour éviter les coups de frein ou les accélérations inutiles, la meilleure façon est de prévoir ce qui risque de se passer.

- Regardez au loin, au-delà de la voiture qui est juste devant vous.
- Le feu est au vert mais il va passer au rouge ; il est donc inutile d'accélérer pour freiner ensuite.
- Vous voyez des feux stop de véhicules qui s'éclairent au loin, n'attendez pas d'être tout près pour ralentir.
- Pourquoi êtes-vous si près de la voiture qui vous précède sur l'autoroute ? Rappelez-vous qu'il existe des distances de sécurité à respecter.
- Regardez le panneau indicateur du village que vous allez traverser ; la vitesse va être limitée, levez donc le pied dès maintenant. En un mot : anticipez car vous ne pouvez jamais prévoir le comportement des autres conducteurs !

Soyez patient et cool

Si vous aimez "jouer du levier de vitesses" et freiner au dernier moment, accélérer brutalement pour partir le premier au feu vert, si vous aimez "sentir les chevaux sous le capot" et vous faire "clouer au fond du siège" à chaque accélération, vous avez un comportement qui va à l'encontre de celui de l'automobiliste BCBG. En effet, une conduite par à-coups n'a que des inconvénients. Elle fatigue autant la mécanique que les passagers de la voiture. Les pneus et les freins s'usent rapidement. Le moteur consomme inutilement et surtout il pollue. En effet, une forte accélération provoque une arrivée de carburant très importante dans le moteur, le mélange d'essence est soudain très riche (beaucoup trop d'essence pour la quantité d'air admise dans le moteur). Il s'ensuit une combustion incomplète et des gaz d'échappement qui contiennent beaucoup de gaz imbrûlés, donc polluants. Accélérez plutôt progressivement et laissez votre véhicule prendre lui-même de la vitesse. Ne poussez pas les rapports et sachez "écouter" votre moteur.

D'ailleurs, sur les nouveaux véhicules, la pédale d'accélérateur n'est plus directement liée par un câble au papillon des gaz. Le câble est désormais relié à un petit appareil appelé potentiomètre, qui va prévenir un calculateur de la volonté du conducteur d'accélérer. Et c'est ce calculateur qui va décider s'il est opportun

ou non d'ouvrir si grand et si brutalement le papillon des gaz. C'est lui qui va commander par un petit moteur électrique l'ouverture du papillon des gaz en fonction de différents paramètres et corriger ainsi les excès du conducteur. Ce système va se généraliser pour répondre aux normes d'antipollution.

La vitesse oui, l'excès non !

Un Bon Conducteur choisit la vitesse la mieux adaptée à son véhicule, à la route et aux conditions de circulation. Rouler trop vite vous met en infraction et diminue votre sécurité. Rappel : la vitesse exprime la distance parcourue par unité de temps. Elle se mesure en km/h ou en m/s. Les vitesses excessives sont à l'origine de 26 % des accidents mortels et de 16 % des accidents corporels. Il convient donc d'adapter sa vitesse aux circonstances et de toujours garder un espace suffisant avec le véhicule qui vous précède. Ainsi, vous pourrez réagir à un éventuel incident ou freinage brusque.

L'automobiliste a besoin d'un certain temps pour réagir à un signal ou à l'apparition soudaine d'un danger. Pour un conducteur moyen, selon l'environnement et son degré d'attention, ce temps varie de 1 à 2 s, temps durant lequel le véhicule parcourt une distance, déterminée par la vitesse. Si on suppose un temps de réaction de 1,5 s et une vitesse de 50 km/h, cette distance est de 21 m. C'est seulement après cette distance que le freinage commence réellement.

Le tableau suivant donne des exemples de distances parcourues par un véhicule en fonction de sa

Vitesse	Distance de réaction	Distance de freinage avec chaussée sèche	Distance de freinage avec chaussée mouillée	Distance totale avec chaussée sèche	Distance totale avec chaussée mouillée
30 km/h	8 m	5 m	7 m	13 m	15 m
50 km/h	14 m	12 m	20 m	26 m	34 m
80 km/h	22 m	31 m	50 m	53 m	72 m
100 km/h	28 m	48 m	80 m	76 m	108 m
120 km/h	33 m	70 m	111 m	103 m	144 m

vitesse, la première colonne correspond à la distance parcourue pendant un temps de réaction d'une seconde.
La vitesse augmente également votre consommation. En effet, plus la vitesse est importante, plus le moteur tourne vite et plus il est gourmand. Maintenant les véhicules sont équipés d'une cinquième (et même d'une sixième) vitesse, profitez-en car le moteur tourne moins vite pour une même vitesse du véhicule.
Ne faites pas l'excès inverse. Les vitesses trop lentes sont également la cause de surconsommation et de pollution. Vous provoquerez peut-être en plus des ralentissements dangereux.

Savoir s'évaluer pour mieux se corriger

Un BC doit d'abord s'avoir s'auto-évaluer à chaque trajet qu'il fait. Alors, dès que vous prenez la voiture, donnez-vous une note, sur 20 par exemple, et soyez sévère !
Une atteinte grave au code de la route, c'est 10 points de moins, un freinage trop tardif, une accélération trop brutale, un clignotant pas actionné, une queue-de-poisson en fin de dépassement, une priorité grillée, un manque de courtoisie, un pare-brise sale, des balais d'essuie-glace usés avant le départ, tout ça représente des points en moins.
Ensuite posez-vous ces questions : Combien j'ai eu pour ce trajet ? À quoi j'ai échappé ? Qu'est-ce j'aurais pu faire ? Qu'est-ce que je ferai la prochaine fois ? L'objectif étant, bien sûr, d'améliorer son score à chaque trajet.

La conduite en hiver

Le démarrage

Votre véhicule est resté à l'arrêt, la température est hivernale, votre véhicule est froid.
Mettez le contact et allumez un "consommateur" de courant, vos feux par exemple. Cette première action aura pour effet de réveiller la batterie engourdie, de secouer les électrons endormis. Quelques secondes après, démarrez le moteur. Inutile de le faire tourner à l'arrêt pour le chauffer, comme "à l'ancienne". La meilleure façon de réchauffer le moteur est de commencer à rouler. Sur les véhicules actuels à injection électronique, 30 s après le démarrage du moteur, vous pouvez rouler. Tout temps additionnel ne fait que gaspiller du carbu-

rant et accroître les émissions polluantes. Et puis, il n'y a pas que le moteur à réchauffer, les roulements à billes des roues, la direction, la suspension, les pignons et l'huile de la boîte de vitesses, les pneus, doivent eux aussi être réchauffés.

On estime qu'il faut au moins 5 km de trajet pour que toutes les pièces aient atteint une température acceptable pour un bon fonctionnement.

Mais il est tout à fait déconseillé de conduire tout de suite à des vitesses élevées et de se lancer dans de fortes accélérations, au moins pendant ces cinq premiers kilomètres, tant que le véhicule dans son ensemble n'a pas atteint sa température de bon fonctionnement et le moteur, les 90 °C environ.

Par temps froid, la consommation de carburant grimpe en flèche car la combustion n'est pas très efficace. Le mélange air-essence n'est pas bien homogène, les vapeurs d'essence ont tendance à vouloir se condenser sur les parois internes du moteur, alors on enrichit le mélange, c'est-à-dire que le calculateur d'injection augmente automatiquement le dosage suivant la température du moteur, en augmentant la quantité d'essence par rapport à la quantité d'air. Au lieu de 1 g d'essence pour 15 g d'air, on passe à 1 g d'essence pour 10 à 12 g d'air, soit une augmentation très importante de la consommation et des émissions polluantes. De plus, le pot catalytique qui doit transformer les gaz polluants de l'échappement ne fonctionne pas à froid. Ainsi, toutes les émissions passent à l'échappement sans être traitées jusqu'à ce que le pot catalytique se réchauffe, lui aussi. À tout cela il faut ajouter le surcroît de travail du moteur qui doit pomper l'huile du carter et l'envoyer sous pression dans les canalisations internes pour lubrifier toutes les pièces en mouvement. Comme l'huile est épaisse à froid (voir chapitre sur les huiles), le moteur doit travailler et donc consommer davantage.

Pour les voitures de plus de 10 ans qui possèdent encore un carburateur, les démarrages sont plus difficiles. Dès que vous avez réveillé les électrons de la batterie, tirez la manette à fond si vous avez un starter manuel, appuyez sur la pédale d'embrayage et accélérez légèrement.

Actionnez le démarreur, le moteur doit démarrer aussitôt.

Si ce n'est pas le cas, il est préférable de donner plusieurs coups brefs de démarreur plutôt que d'insister lourdement, au risque de "vider" la batterie. Lorsque le moteur tourne, repoussez le starter progressivement.

Les consignes énoncées plus haut sur le démarrage sont applicables aussi aux voitures de plus de 10 ans.

Pour les voitures qui couchent dehors

- Un moteur qui démarre c'est bien, mais une bonne visibilité est tout aussi indispensable. La veille d'une nuit qui s'annonce froide, prévoyez de surélever vos balais d'essuie-glace avec des bouchons de liège qui éviteront aux caoutchoucs d'être collés par le givre. De même, vous pouvez prévoir un carton à plaquer sur le pare-brise.
- Si vous vous êtes laissé surprendre par le froid, et si vous retrouvez le lendemain matin votre pare-brise tout blanc de gelée, évitez de verser de l'eau chaude qui va "cuire" les caoutchoucs, utilisez plutôt les bombes de dégivrant. Si la couche est épaisse, le racloir reste encore l'appareil idéal en pareille circonstance.
- N'utilisez vos balais d'essuie-glace que si la glace est décollée, sans quoi vous allez les abîmer. Les balais usés qui laissent des traces circulaires sont à changer rapidement, surtout en hiver.
- Vérifiez le bon fonctionnement du dégivrage arrière. Ce sont des fils chauffants collés sur la lunette arrière. Si vous n'êtes pas équipé de cet accessoire, allez vite chez un professionnel, l'appareil se vend en kit et se pose facilement.
- Si vous utilisez souvent votre liquide de lave-glace, ne complétez pas avec de l'eau, elle risque de

geler. Pour plus de conseils sur le lave-glace, reportez-vous au chapitre spécifique sur les niveaux.

- Le liquide de refroidissement du moteur est lui aussi un mélange particulier. Il est protégé pour ne pas geler à basses températures. Vérifiez auprès d'un professionnel sa température de congélation.
- La veille de grand froid, desserrez votre frein à main, car le lendemain vous risquez d'avoir le câble bloqué dans la gaine par le gel. De même, ne laissez pas une vitesse enclenchée. Si l'huile de la boîte fige, vous aurez du mal à enclencher la première. Pour permettre l'immobilisation de votre voiture, pensez plutôt à braquer la direction pour bloquer une roue le long du trottoir.
- Il arrive que la serrure de la porte soit gelée avec impossibilité de tourner la clé. Là encore, la bombe de dégivrant sera d'un grand secours. Encore faut-il qu'elle ne se trouve pas à l'intérieur ! Pensez au sèche-cheveux ou à l'eau tiède.
- Le gazole vendu en France contient un antifigeant. Il est donc inutile de s'inquiéter pour le gel éventuel.
- Pour les moteurs Diesel qui ont un peu de mal à démarrer, attendez bien l'extinction du voyant de préchauffage et même, dès qu'il s'éteint, coupez et remettez le contact, vous recommencerez ainsi un cycle d'alimentation des bougies de préchauffage, le démarrage sera plus facile.
- Sur certaines voitures de conception ancienne, le filtre à air possédait une position "été" (ou "hiver"), que l'on actionnait manuellement pour pouvoir aspirer de l'air chaud quand il faisait froid. Ce système est devenu automatique sur les véhicules récents.

Les pneus

En hiver, il faut accorder une attention toute particulière à vos pneus. En effet, à froid, la pression des pneus diminue. Il s'ensuit une plus grande résistance au roulement, donc une consommation plus importante si vous voulez conserver votre vitesse habituelle. Un contrôle plus fréquent de la pression des pneus est donc nécessaire (voir le chapitre sur les pneumatiques).

Avant d'ajouter de l'air dans vos pneus, pensez à faire échapper un peu d'air par la valve pour enlever l'humidité qui s'est accumulée.

En hiver, dans les régions où les routes sont couvertes de neige, chaussez votre voiture de pneus-neige, vous allez améliorer votre adhérence, accroître votre sécurité et économiser du carburant.

La conduite

Dès que vous commencez à rouler, le pare-brise à l'intérieur se couvre de buée. Si votre véhicule est équipé de climatisation, il suffit de la mettre en route et la buée va disparaître très rapidement. En effet, dans les systèmes de climatisation, l'air venant de l'extérieur traverse un radiateur froid (appelé évaporateur) qui va condenser et donc absorber toute l'humidité. L'air qui entre dans l'habitacle est donc bien sec et la buée disparaît.

Pour ceux qui n'ont pas la chance d'avoir la climatisation, il vous faut attendre patiemment que l'air soit suffisamment chaud pour supprimer la buée. En attendant la disparition de la buée, un petit coup de chiffon sec est obligatoire pour voir la route, mais attention au manque d'attention lié à cet exercice et à la mauvaise visibilité, un accident est vite arrivé ! À moins de conduire... la tête au-dehors.

Puisque la consommation de carburant est plus élevée quand les températures sont basses, il faut donc essayer de réduire les petits déplacements. Moins vous faites de démarrages à froid et mieux c'est, alors planifiez vos déplacements en réduisant vos trajets.

Cependant, pour des petits arrêts, ne laissez pas votre moteur tourner, il est préférable de l'éteindre, vous diminuerez la consommation et la pollution en redémarrant à chaque fois.

Attention, lorsqu'il fait froid vous êtes à la merci de plaques de verglas,

de brouillard givrant, votre voiture risque de déraper, de plus vous n'êtes pas à l'abri d'un dérapage et d'une perte de contrôle d'un autre automobiliste, alors allez-y doucement. Rappelez-vous que, sur route glissante, il vous faudra plus de distance pour vous arrêter, et de ce fait, les risques d'accident sont plus importants.

La conduite en été

- Si vous devez laisser votre véhicule en plein soleil, il est souhaitable de placer un carton pare-soleil à l'intérieur sous le pare-brise. Il diminuera la chaleur à l'intérieur et protégera votre tableau de bord d'une température excessive. Votre voiture au soleil est une véritable serre et les fortes chaleurs risquent d'endommager les instruments électroniques de bord. De plus, les rayons ultraviolets vont avoir tendance à ternir la couleur de la planche de bord.
- Protégez également vos pneus, surtout les flancs. En effet, les rayons du soleil accélèrent le vieillissement du caoutchouc, qui va craqueler prématurément.
- Ne remplissez pas votre réservoir à ras bord. Lorsque vous faites le plein de carburant à la pompe, dès que le réservoir est rempli, le pistolet s'arrête automatiquement. Ne cherchez pas à continuer de remplir votre réservoir car le surplus que vous introduisez supprime la réserve d'air qui sert à absorber la dilatation du carburant par forte chaleur. Et ce trop-plein de carburant va s'échapper sans que vous vous en rendiez compte.
- Il est déconseillé de rouler le bras dehors sur le rebord de la vitre, vous risquez tout d'abord un sérieux coup de soleil, et si vous avez le bras long, un accrochage lors d'un croisement avec une autre voiture ! Mais c'est surtout lors d'un accident que ce genre de pratique peut s'avérer très dangereux. Il en est de même lorsque vos passagers posent leurs pieds en éventail sur la planche de bord, quand ce n'est pas à l'extérieur ! C'est tellement agréable, mais au moindre choc, avec le déclenchement de l'airbag, vous risquez d'avoir les membres écrasés !
- De même, ne roulez pas pieds nus ou en tongs, votre pied risque de glisser de la pédale de frein et ce genre de pratique dans les stations balnéaires est chaque année source d'accrochages.
- Quand vous laissez votre véhicule après un trajet pendant lequel vous avez utilisé la climatisation, il est fréquent que vous trouviez une flaque d'eau sous votre voiture, qui, parfois, peut être impressionnante après de fortes chaleurs. Rien d'inquiétant : ce n'est pas une fuite du circuit de refroidissement,

mais les restes de la condensation qui s'est produite dans votre circuit de climatisation.

- L'été, ne stationnez pas sous n'importe quel arbre, qui peut laisser tomber sa production sur votre carrosserie et endommager votre peinture (pommes de pin, ailettes de tilleul, boules de résine, feuilles de noyer, etc.).
- Enfin, ne laissez pas vos enfants, surtout en bas âge, ni vos animaux dans les voitures pendant que vous êtes en balade, même quelques minutes. La température dans une voiture, en plein soleil, peut atteindre 40 °C et le pauvre enfant ou le pauvre animal ne va pas supporter cette chaleur très longtemps, surtout si vous n'avez pas pensé à lui donner de l'eau, ni à entrouvrir les vitres !

Les précautions avant un long trajet

La révision périodique

Juste avant la période des congés, les ateliers de réparation sont souvent surchargés. Pensez donc à prendre un rendez-vous pour votre révision suffisamment à l'avance pour éviter les files d'attente. Consultez votre carnet d'entretien, et si le kilométrage prévu pour une visite périodique risque d'être franchi pendant le voyage, il est préférable de passer au garage avant de partir.

La vérification

Avant de prendre la route :

- Vérifiez les niveaux des liquides (huile, frein, refroidissement, batterie, lave-glace).
- Vérifiez sous le capot s'il n'y a pas de fils de bougies fissurés, de Durit qui fuient ou des attaches desserrées.
- Contrôlez la pression des pneus.
- Vérifiez l'état de vos freins : sur une ligne droite plane et sans circulation, tenez très légèrement le volant et freinez graduellement. Si le véhicule dévie, vous avez un déséquilibre dans vos freins et vous devrez consulter un garagiste.
- Nettoyez soigneusement le pare-brise, la lunette arrière, les phares, les feux arrière, pour bien voir et être vu.
- Réglez vos rétroviseurs.
- Vérifiez le fonctionnement des clignotants, des feux stop, des phares et réglez-les en fonction de la charge si c'est nécessaire.
- Vérifiez le fonctionnement des essuie-glaces.
- Vérifiez votre chargement, évitez d'utiliser une galerie et préférez plutôt la remorque. Si ce n'est pas possible, évitez de transporter des objets volumineux et répartissez les masses.
- Ne dépassez pas la charge maximale autorisée sur le toit, elle est notée sur la notice de montage (compter environ 75 kg). N'oubliez pas que lorsque vous transportez des objets lourds et encombrants sur le toit, les qualités routières de votre véhicule changent en raison de la modification du centre de gravité et de la plus grande surface exposée au vent.
- N'utilisez la plage arrière que pour des choses souples et légères, des vêtements par exemple, à condition qu'ils ne vous cachent pas la vue. En cas de freinage brusque ou d'accident, tout ce qui est sur la plage arrière va devenir un projec-

tile qui va venir frapper les passagers derrière la nuque !

La préparation

- N'oubliez pas d'emporter : les papiers du véhicule, une lampe de poche, un couteau, une couverture, une boîte d'ampoules de rechange, une trousse à outils succincte, un extincteur, une bouteille d'eau, un chiffon ou des serviettes en papier, les numéros de téléphone d'urgence, un téléphone portable ou une carte de téléphone.
- Ne vous fixez pas de contraintes d'horaire.
- Vérifiez le bon fonctionnement de votre radio et repérez les fréquences des stations que vous préférez. La radio est un excellent compagnon de route.
- Préparez votre itinéraire avec minutie (profitez des sites Internet qui sont très performants à ce sujet) et prévoyez vos arrêts toutes les deux heures dans des aires de repos.

La conduite de nuit

Beaucoup d'automobilistes préfèrent conduire la nuit afin d'échapper aux fortes chaleurs, à une circulation abondante, et aux radars ! Et pourtant le risque d'accident, la nuit, est deux fois plus élevé que le jour.

Si vous préférez la conduite de nuit, voici quelques conseils :

- Les conseils précédents (précautions avant un long trajet) prennent encore plus d'importance, suivez-les scrupuleusement.
- Ne partez jamais avec du sommeil "en retard". Ne dites pas : "je me reposerai à l'arrivée". Trop d'automobilistes s'endorment au volant par une accumulation de manque de sommeil, pensant pouvoir se reposer à l'arrivée. Partez reposé ; il n'y a rien de pire que de prendre la route, la nuit, fatigué par une journée de travail par exemple.
- Évitez de conduire entre 2 et 4 heures du matin car, à ces heures, les capacités et la vigilance sont les plus faibles.
- Alimentez-vous légèrement, avant et pendant votre trajet, ne buvez pas d'alcool et ne prenez pas de médicaments.

- Réglez la climatisation à la température qui vous convient. Cette température est propre à chaque individu. Pour certains c'est 19 °C, pour d'autres, 21 °C, mais en général, préférez une température plus basse, la chaleur endort.
- Arrêtez-vous toutes les deux heures et prenez une boisson chaude.
- Arrêtez-vous impérativement dès les premiers signes de fatigue : impression d'avoir trop chaud, besoin de changer de position en permanence, picotements dans les yeux, irritabilité, impression que les autres conduisent mal, etc.
- Les phares des véhicules qui viennent en face attirent le regard et fatiguent les yeux. Essayez de ne pas les regarder et fixez votre regard sur la route devant vous. Ce n'est pas facile, il faut de la discipline et de la concentration, on n'a pas encore trouvé mieux !

La conduite économique et respectueuse de l'environnement

Vous souhaitez diminuer la consommation de votre voiture, la pollution de notre environnement et l'usure de votre moteur ? Suivez alors ces quelques conseils :

Lisez attentivement le manuel d'utilisation de votre véhicule

Il possède des informations précieuses et, en particulier, les périodicités d'entretien préconisées par le constructeur, qui varient beaucoup d'un véhicule à l'autre (exemple : le changement de courroie de distribution). Comme ces manuels regroupent tous les équipements et options pour un type de voiture, nous vous conseillons de surligner les parties qui vous intéressent, les options que possède votre véhicule et, si vous avez des doutes, demandez au vendeur de vous aider.

Entretenez votre véhicule

Un véhicule mal entretenu peut accroître de 50 % votre consommation de carburant, sans parler de la pollution des gaz d'échappement.
Si vous faites vous-même l'entretien courant de votre voiture :

- Changez régulièrement votre filtre à air, il est souvent la cause d'une consommation excessive. Un filtre à air bouché, c'est 10 % de consommation en plus (voir le chapitre des filtres et niveaux).
- Pour la vidange, choisissez une huile qui correspond à l'utilisation que vous faites de votre voiture (voir le chapitre sur les huiles) et respectez les échéances des vidanges.
- Contrôlez régulièrement la pression des pneus et leur état d'usure. Un pneu sous-gonflé de 0,4 bar entraîne un accroissement de la consommation de carburant de 10 % et peut diminuer la durée de vie de 10 000 km (voir chapitre sur les pneus).
- Ne faites pas l'économie du changement de bougies, même si elles peuvent encore "tenir" !
- Contrôlez régulièrement le niveau d'huile et votre consommation de carburant. Ces indications vous alerteront si un défaut de fonctionnement de votre moteur apparaît.
- Ne roulez jamais jusqu'à la panne sèche. Une alimentation irrégulière de votre moteur va entraîner des défauts d'allumage. Du carburant imbrûlé va passer dans l'échappement, provoquer un échauffement et risque d'endommager gravement le pot catalytique.
- Ne poussez pas votre véhicule plus de 50 m pour le faire démarrer pour la même raison que précédemment.

REMARQUE : Même si vous entretenez régulièrement et conscien-

cieusement votre véhicule, il est conseillé de le confier de temps en temps à l'agent de la marque ou au concessionnaire. En effet, ils possèdent des connaissances et des appareils de diagnostic qui sont capables d'interroger les calculateurs et d'indiquer des dysfonctionnements que, vous-même, n'avez peut-être pas remarqués. Ils peuvent ainsi remédier aux problèmes d'allumage, de refroidissement du moteur, du dispositif antipollution, de climatisation, de freinage et de transmission, qui participent beaucoup à une augmentation de la consommation.

Surveillez votre conduite

N'oubliez pas les conseils déjà présentés ci-dessus :

- Ne faites pas chauffer le moteur à l'arrêt, démarrez immédiatement après le démarrage du moteur et conduisez lentement à faible régime, le temps que le véhicule atteigne sa température de fonctionnement. L'usure du moteur se fait surtout au démarrage.
- Pour les véhicules Diesel, attendez l'extinction du voyant de préchauffage, même s'il est très rapide sur les véhicules récents.
- Accélérez en douceur, vous allez réduire votre consommation, la pollution et l'usure du moteur.
- Ne conduisez pas avec des régimes élevés, passez en vitesse supérieure dès que possible et rétrogradez seulement quand le moteur faiblit. En deuxième vitesse, la consommation de carburant est beaucoup plus élevée qu'en quatrième pour une même vitesse au compteur. De plus, lorsqu'on roule à faible régime, le bruit est moins important et c'est plus confortable.
- Évitez de conduire à vitesse maximale et d'accélérer à fond. C'est dangereux, vous augmentez votre consommation, le bruit et les gaz d'échappement. Vous diminuez la durée de vie de votre moteur et vous allez sûrement dépasser les limites de vitesse. Combien de minutes allez-vous gagner ?
- Arrêtez votre moteur dans les bouchons. Les moteurs consomment au ralenti et polluent.
- Réfléchissez à l'utilisation de votre véhicule :
  - Supprimez les trajets inutiles.
  - Évitez les itinéraires à forte den-

sité de circulation, et préférez les parcours fluides.
- Limitez les petits parcours fréquents.
- Organisez vos déplacements en les rentabilisant.

Autres conseils

- Ne roulez pas vitres ouvertes.
- Préférez le transport de vos affaires dans une remorque et non sur une galerie.
- Ne conservez pas les barres de toit ou la galerie porte-bagages lorsque que vous ne vous en servez plus.
- Ne surchargez pas inutilement votre voiture et videz votre coffre de tout ce qui ne sert pas et augmente le poids.
- N'utilisez la climatisation que lorsqu'elle est indispensable. Le fonctionnement du compresseur demande un travail supplémentaire au moteur et donc du carburant.

EXEMPLES DE SURCONSOMMATION :
Les exemples de surconsommation tiennent compte du mode de conduite mais aussi du mauvais entretien du véhicule.

Causes	Surconsommation
Conduite agressive	De 20 à 40 % en ville soit 4 l/100 km
Conduite mal adaptée	Jusqu'à 30 % pour une utilisation à haut régime, soit 3 l/100 km
Moteur mal entretenu	De l'ordre de 50 % en moyenne sur tous les parcours, soit plus de 4 l/100 km
Huile trop visqueuse	De l'ordre de 1 à 3 % en ville
Pneumatiques sous-gonflés	De l'ordre de 3 % pour un manque de pression de 0,3 bar
Départ moteur froid	50 % sur le premier kilomètre soit 4 l/100 km

Les consommations en litres aux 100 km sont calculées par rapport à une consommation moyenne réelle du véhicule soit 8 l/100 km. Les effets peuvent se cumuler.

- Arrêtez le dégivrage de la vitre arrière quand ce n'est plus nécessaire. Éteignez vos phares le plus tôt possible, de même que le ventilateur de chauffage. Tous ces instruments sont des consommateurs de courant qui font travailler l'alternateur et qui consomment du carburant.

Ce qu'il ne faut pas faire !...

LES NIVEAUX DES LIQUIDES

Dans une automobile, trois liquides possèdent une fonction fondamentale et, de ce fait, il est impératif de contrôler régulièrement leurs niveaux. Il s'agit :

- **du niveau de l'huile dans le moteur ;**
- **du niveau du liquide de frein ;**
- **du niveau du liquide de refroidissement.**

Il existe d'autres liquides à contrôler suivant les équipements que possède votre voiture :

- **le niveau de boîte de vitesses ;**
- **le niveau de liquide de direction assistée ;**
- **le liquide de suspension dans le cas des véhicules Citroën.**

Il est un autre liquide, indépendant du fonctionnement du moteur mais très utile dans certains cas pour la bonne visibilité du conducteur : c'est le liquide lave-glace. Son niveau mérite lui aussi d'être vérifié régulièrement.

Pour chacun de ces contrôles, il est nécessaire de connaître la fonction et les caractéristiques de ces différents liquides afin de juger de l'incidence d'un volume insuffisant.

Le niveau d'huile moteur

Un manque d'huile entraîne une mauvaise lubrification pouvant aller jusqu'à la destruction du moteur. Il faut donc vérifier le niveau d'huile tous les 2 500 km et plus spécialement avant un long trajet. Il est dangereux pour votre moteur de rouler au-dessous d'un certain niveau. Ce niveau est indiqué sur la jauge située dans le compartiment moteur. Il doit se situer entre les deux encoches des repères maximal et minimal.

Si le niveau se situe en dessous du repère minimal, votre moteur manque d'huile. Vous devez en rajouter jusqu'à atteindre environ le milieu des repères maximaux.

Ne dépassez pas le niveau maximal, sinon le surplus d'huile engendrerait des pressions excessives sur les joints, ce qui entraînerait des fuites. L'excédent d'huile peut également être aspiré par l'intermédiaire du circuit d'aération du moteur dans le conduit d'air pour finir brûlé dans les cylindres et les conduits d'échappement, avec le risque d'endommager votre pot catalytique.

Si vous devez faire un long trajet sur autoroute par exemple, passer des cols en montagne ou tracter une caravane, vous pouvez faire l'appoint d'huile jusqu'au repère maximal, pas au-delà !

Il est normal qu'un moteur consomme de l'huile, de 0,25 à 0,75 l pour 1 000 km, mais il peut aller jusqu'à 1 l pour 1 000 km, sans qu'il soit besoin de s'alarmer.

Une consommation excessive dépassant 1 l/1 000 km indique une usure importante de votre moteur ou une fuite que vous devriez voir sous le véhicule quand vous quittez une zone de stationnement. C'est pourquoi il faut vérifier régulièrement le niveau.

Conseils pour faire le contrôle du niveau d'huile

- Le contrôle doit être fait quand le moteur est à sa température de fonctionnement.
- Placez le véhicule sur un plan horizontal.
- Arrêtez le moteur et attendez quelques minutes pour permettre à l'huile de descendre dans le carter.
- Retirez la jauge en l'essuyant avec un chiffon propre et replongez-la jusqu'en butée.
- Retirez à nouveau la jauge et vérifiez le niveau.

Conseils pour faire l'appoint

- Dévissez le bouchon de remplissage d'huile placé sur le couvre-culasse.

- Faites l'appoint en versant des petites quantités d'huile de mêmes caractéristiques (voir le chapitre sur les huiles).
- Contrôlez le niveau avec la jauge.
- Veillez à ce que l'huile ne déborde pas et ne se répande pas sur des pièces chaudes du moteur. Il y aurait dégagement de vapeurs très désagréables et nocives. Si des gouttes d'huile tombent malencontreusement, essuyez-les rapidement avec votre chiffon propre.

REMARQUE : Pour la périodicité des vidanges, reportez-vous au chapitre sur les huiles. Les préconisations des constructeurs varient suivant les marques, 30 000 km ou deux ans pour une Clio et une 607, 15 000 km ou tous les ans pour une Yaris.

Le niveau du liquide de frein

Il doit être contrôlé régulièrement et ne pas se situer en dessous du niveau minimal indiqué sur le bocal. Si tel est le cas, ce défaut est la conséquence d'une fuite sur le circuit, le témoin de frein doit s'allumer. Par contre, une baisse de liquide dans le bocal, avec toujours le niveau compris entre les limites maximale et minimale, est tout à fait normale. Elle est due au volume de liquide nécessaire pour compenser l'usure des plaquettes et des garnitures de frein arrière.

Quelles sont les particularités du liquide de frein ?

Le liquide de frein est un produit de synthèse, étudié pour être incompressible et insensible aux variations de température. Cependant, il a un grand défaut : celui d'être avide d'eau. Ce phénomène d'hygroscopie entraîne une diminution de ses qualités physiques et des risques de corrosion dans le circuit de freinage. Le liquide va absorber l'humidité de l'air et, en fonction de sa teneur en eau, sa température d'ébullition va considérablement chuter, pouvant passer, pour un liquide usagé, de 260 °C à 140 °C.
Quand on sait que, lors de la descente d'un col par exemple, le liquide est soumis à une température de 150 à 160 °C au niveau des étriers de frein, on imagine les conséquences des bouchons de vapeur qui se forment dans les canalisations. Les freins ne répondent plus et les risques encourus par les passagers sont énormes.

Existe-t-il différentes sortes de liquides de frein ?

Les liquides de frein doivent répondre aux normes Afnor, ISO et SAE. Celles-ci les classent en fonction de leur qualité (en particulier leur point d'ébullition) suivant un indice appelé "dot" (*Departement of transportation*). Ainsi, le liquide "dot 4" a de meilleures performances que le "dot 3". Pour la majorité des véhicules, la qualité "dot 3" suffit. Les qualités supérieures ne sont nécessaires que pour les usages intensifs et les systèmes ABS.
Attention, certains liquides de frein ne sont pas compatibles. Le "dot 5" contient de la silicone, il n'est pas

compatible avec les "dot 3, 4 et 5.1" au glycol. Pourquoi faire simple ? Alors reportez-vous aux recommandations constructeur.
Une particularité pour les circuits hydrauliques type Citroën : le liquide utilisé est du LHM à base minérale. Là aussi, il est absolument impératif de ne pas se tromper de liquide. Les conséquences sont importantes : vidange complète, rinçage, changement de tous les joints, etc.

Doit-on changer le liquide de frein régulièrement ?

Après chaque intervention importante sur le circuit de freinage, il est conseillé de remplacer le liquide de frein par une vidange complète.
Ce remplacement doit être systématique tous les deux ans, sauf pour certaines voitures, Renault Clio II par exemple, pour laquelle le remplacement est prévu tous les quatre ans ou tous les 120 000 km (voir tableau en fin de chapitre).

Attention si vous devez manipuler du liquide de frein !
Le liquide est un produit corrosif qui attaque la peinture, la peau et les yeux. Il est donc important de prendre toutes les précautions nécessaires.

Le niveau du liquide de refroidissement

Autrefois, pour remplir le circuit de refroidissement du moteur, il suffisait d'ouvrir le bouchon du radiateur et de verser... de l'eau de la pompe ou du robinet ! À la veille de l'hiver, on ajoutait un peu d'alcool ou de glycérine pour éviter que le gel ne fasse éclater le bloc-moteur et les Durit, et tout semblait très simple.

Mais aujourd'hui, les performances des véhicules et les conditions de circulation ne sont plus les mêmes. Les moteurs en premier lieu ont subi de grandes améliorations. Ils tournent plus vite et leur température de fonctionnement doit être élevée et rester constante. De plus, ils sont fabriqués avec différents matériaux comme les alliages d'aluminium, dont les comportements ne sont pas les mêmes en fonctionnement. Toutes ces évolutions ont créé des contraintes supplémentaires. Il n'est plus question de mettre de l'antigel à l'entrée de l'hiver et de vidanger le circuit au printemps. On utilise désormais un liquide de refroidissement valable pour toutes les saisons, possédant de nombreuses fonctions.

Quelles sont les fonctions du liquide de refroidissement ?

Le liquide doit :

- pouvoir transférer une grande quantité de calories du moteur vers le radiateur, pour cette fonction, il est appelé par les spécialistes : "liquide caloporteur" ;
- avoir une température de congélation très basse ;
- avoir une température d'ébullition élevée, supérieure à 100 °C ;
- protéger le circuit contre les dépôts de calcaire, mauvais conducteurs de la chaleur ;
- protéger les différents matériaux utilisés dans le circuit contre les risques d'oxydation ;
- ne pas altérer les composants non métalliques comme les Durit ou joints en caoutchouc.

De quoi est composé le liquide de refroidissement ?

Le liquide de refroidissement est un mélange d'eau déminéralisée et de "monoéthylèneglycol", appelé en abrégé MEG. C'est principalement ce produit qui permet au liquide de répondre à toutes les exigences du système de refroidissement. Les fabricants allemands et suisses et quelques marques françaises lui préfèrent le "monopropylèneglycol" qui a la particularité d'être non toxique, mais qui ne bénéficie pas des mêmes propriétés calorifiques. De plus, le contrôle de la valeur antigel de ce produit doit être fait avec un appareil différent du pèse-antigel classique. En effet, le MEG avec son goût sucré est, chaque année, la cause d'accidents graves d'intoxication et toutes les précautions doivent être prises quant au stockage hors de portée des enfants.

Existe-t-il plusieurs sortes de liquides de refroidissement ?

Depuis juin 1991, les liquides de refroidissement sont soumis à la norme française NF R 15 601, qui définit trois types de liquides en fonction de leur température d'ébul-

Caractéristiques	Type 1	Type 2	Type 3
Température de congélation	< ou = à – 15 °C (dilué à 33 %)	< ou = à – 18 °C	< ou = à – 35 °C
Teneur en eau (concentration)	< ou = à 5 °C	non applicable	non applicable
Température d'ébullition	< ou = à 155 °C	< ou = à 102 °C	< ou = à 105 °C

lition et de congélation. Le type 1 est réservé aux liquides concentrés. Il est à noter que la norme n'intervient pas au niveau de la composition des produits, mais ne s'intéresse qu'aux caractéristiques finales.

Doit-on changer régulièrement le liquide de refroidissement ?

Oui, car si les qualités antigel d'un bon liquide de refroidissement ne s'altèrent pas avec le temps, ce n'est pas le cas des inhibiteurs anticorrosion qu'il contient. Un liquide usagé se reconnaît par son aspect marron. En général, les constructeurs automobiles préconisent la vidange complète du circuit et le remplacement du liquide tous les trois ans ou tous les 60 000 km (Renault préconise tous les 4 ans ou tous les 120 000 km).
Certains véhicules sont remplis en usine avec du liquide de refroidissement longue durée qu'il n'est pas utile de vidanger. Il est nécessaire cependant de vérifier à chaque début d'hiver son degré de protection contre le gel.
En cas de remise à niveau, il est recommandé d'utiliser le même produit que celui déjà présent dans le circuit. Lorsque le conducteur ne connaît pas ou ne dispose pas du même produit, il est conseillé de remplacer totalement le liquide afin de ne pas mélanger différents produits (norme NF R 15 601). Il est fortement déconseillé de rajouter de l'eau pure qui aurait pour conséquence de diminuer les propriétés antigel et anticorrosion du liquide.

Comment reconnaît-on un bon liquide de refroidissement ?

Il existe hélas sur le marché des liquides de refroidissement très peu efficaces. Un bidon de bon antigel se reconnaît :

- par sa référence à la norme précédemment citée ;
- par l'indication de sa catégorie de référence (type 1, 2 ou 3) ;
- par l'indication de sa toxicité (croix de Saint-André) ;
- par sa concentration (rarement indiquée) en MEG. Un bon liquide possède 93 % de MEG pur, le reste comprenant les additifs.

Peut-on contrôler la température maximale de protection du liquide ?

La masse volumique du liquide de refroidissement varie en fonction de la concentration en MEG. Elle est donc directement liée à la température de congélation du liquide, donc à son pouvoir de protection. La mesure de cette masse volumique par un "pèse-antigel" indique la température jusqu'à laquelle le circuit est protégé. Cependant, comme la masse volumique varie avec la température du liquide, une correction est à apporter à la lecture. C'est pour cette raison que certains appareils sont vendus avec un petit thermomètre monté en parallèle et accompagné d'un tableau de correction.
Il est cependant recommandé de faire ce contrôle quand le moteur est froid.

Conseils importants

- Le circuit de refroidissement étant étanche, la baisse de niveau dans le bocal ne peut être due qu'à une fuite externe, Durit fissurée, collier coupé, ou à une fuite interne, joint de culasse par exemple.
- Lorsque le moteur est chaud, il est fortement déconseillé de dévisser le bouchon de remplissage. En effet, le liquide, sous pression et à très haute température, risque de jaillir brutalement et vous brûler. Il est préférable d'attendre que le moteur refroidisse avant d'effectuer cette opération.
- Lorsque le moteur est très chaud et que l'on constate une baisse importante du niveau du liquide, si vous n'avez pas d'autre possibilité, il est préférable de rajouter de l'eau également chaude, et en aucun cas glacée afin d'éviter les variations trop brutales de température des métaux, donc les chocs thermiques qui diminuent la résistance des métaux.

ATTENTION : Comme pour les huiles, le rejet du liquide de refroidissement dans la nature, le caniveau, la bouche d'égout, est strictement interdit car il s'agit d'un produit corrosif.

Le liquide de direction assistée

Le réservoir de liquide de direction assistée se situe dans le compartiment moteur. Le niveau du liquide doit être correct pour avoir une efficacité maximale de la direction assistée.
Si le niveau n'est pas correct, il y a une fuite dans le circuit et il vaut mieux s'orienter vers le concessionnaire le plus proche.

REMARQUE : Quand le moteur tourne, ne laissez pas la direction braquée à fond. La pompe est fortement sollicitée et le liquide s'échauffe inutilement. Le système de direction risque de s'endommager.

Le niveau d'huile de boîte de vitesses

L'huile de boîte de vitesses est spécifique aux boîtes et ponts. Elle pos-

Tableau d'entretien périodique

	Renault Clio II RXE, 1,4 l	Peugeot 106, 1,4 l Roland Garros	Toyota Yaris	Ford Fiesta	Renault Mégane Scénic alizé 1,6 16v	Citroën Xsara 1,8i SX
Contrôles périodiques et niveaux	20 000	10 000	15 000 / 12 mois	15 000 / 12 mois	15 000 / 12 mois	15 000 / 12 mois
Vidange	20 000 / 24 mois	10 000	15 000 / 12 mois	15 000 / 12 mois	15 000 / 12 mois	15 000 / 12 mois
Filtre à huile	20 000 /24 mois	20 000	15 000 / 12 mois	15 000 / 12 mois	15 000 / 12 mois	15 000 / 12 mois
Filtre à air	40 000 / 48 mois	40 000	45 000 / 36 mois	45 000 / 36 mois	30 000 / 24 mois	60 000
Filtre habitacle	20 000 / 24 mois			30 000 / 24 mois	15 000 / 12 mois	15 000 / 12 mois
Bougie d' allumage	40 000 / 48 mois	20 000	60 000 / 48 mois	60 000 / 36 mois	30 000 / 24 mois	60 000
Filtre à essence	60 000	80 000	45 000 / 36 mois	60 000 / 48 mois	60 000 / 48 mois	
Filtre à gazole	60 000	80 000		60 000	60 000 / 48 mois	60 000 / 48 mois
Courroie de distribution	120 000 / 60 mois	120 000 / 60 mois	105 000 / 6 ans	75 000 / 60 mois	120 000 / 60 mois	120 000
Courroie d'accessoire	120 000 / 60 mois			120 000 / 60 mois	120 000 / 60 mois	
Changement liquide de frein	60 000 / 48 mois	40 000 / 24 mois	30 000 / 24 mois	45 000 / 36 mois	60 000 / 48 mois	60 000 / 48 mois
Changement liquide de refroidissement	120 000 / 60 mois	Suivant contrôle antigel	45 000 / 24 mois	Suivant contrôle antigel	120 000 / 60 mois	120 000 / 60 mois
Liquide particulier			Embrayage 30 000 / 24 mois	Embrayage 45 000 / 36 mois		

Les distances indiquées sont exprimées en kilomètres.

Peugeot 307 XS 2.0 HDI 90	Volkswagen Golf IV TDI 110	BMW série 3-320 d	OPEL Vectra 1.8 16v	Citroën C5	Ford Mondéo 2.0 Di 90	Mercedes classe C
20 000	15 000 / 12 mois	25 000	15 000	20 000 / 24 mois	15 000 / 12 mois	15000 / 12 mois
20 000 / 24 mois	15 000 / 12 mois	25 000	15 000	20 000 / 24 mois	15 000 / 12 mois	15000 / 12 mois
20 000 / 24 mois	15 000 / 12 mois	25 000	15 000	20 000 / 24 mois	15 000 / 12 mois	15000 / 12 mois
60 000 / 72 mois	60 000 / 24 mois	100 000	30 000 / 24 mois	60 000 / 72 mois	45 000 / 36 mois	60 000 / 4 ans
60 000 / 72 mois	30 000 / 12 mois	25 000	15 000 / 12 mois	20 000 / 24 mois	30 000 / 24 mois	30 000 / 24 mois
		60 000 / 48 mois	60 000 / 48 mois			
	100 000	30 000 / 24 mois	60 000 / 72 mois	45 000 / 36 mois	60 000 / 48 mois	
10 000 / 6 mois	30 000 / 12 mois			60 000 / 72 mois		60 000 / 48 mois
160 000 / 192 mois	60 000 / 24 mois		60 000 / 48 mois	160 000 / 120 mois		
160 000 / 192 mois			60 000 / 48 mois	160 000 / 120 mois	150 000 / 120 mois	
60 000 / 24 mois		24 mois	30 000 / 4 ans	60 000 / 24 mois	45 000 / 36 mois	30 000 / 24 mois
Suivant contrôle antigel	Suivant contrôle antigel	48 mois	Suivant contrôle antigel	Suivant contrôle antigel	150 000 / 120 mois	45 000 / 36 mois
				LHM 200 00 / 60 mois	Embrayage 30 000 / 24 mois	

sède un additif pour supporter les pressions extrêmes auxquelles elle est soumise. La majorité des boîtes de vitesses sont maintenant lubrifiées à vie, aucune vidange n'est prévue par le constructeur. Le contrôle du niveau d'huile s'effectue par une vis de trop-plein et doit être fait tous les 60 000 km. Par contre, si des fuites se produisent, il est vivement conseillé de faire le complément avec une huile préconisée par les constructeurs, même si toutes les huiles des boîtes et ponts sont compatibles. Il en est de même pour toutes les boîtes automatiques. Certaines ne nécessitent aucune vidange, seulement des contrôles de niveau tous les 60 000 km. Il existe cependant des boîtes de vitesses qui doivent être vidangées périodiquement.

Le liquide LHM

Il n'est utilisé que pour les véhicules Citroën. Il est de couleur verte caractéristique. Il sert aussi bien pour le système de freinage que pour le système de suspension et de direction assistée. Son appellation signifie "Liquide Hydraulique Minéral". Pour faire le niveau, il faut mettre le moteur en marche et les suspensions en position haute. S'il manque du liquide, il ne faut rajouter que du LHM dans le vase d'expansion et aucun autre liquide.

Si le niveau est trop bas, votre véhicule va perdre progressivement ses fonctions : direction assistée de plus en plus dure, pas de suspension à l'arrière, puis plus de suspension à l'avant, etc. Un voyant STOP s'allume au tableau de bord.

Sur la nouvelle Citroën C5, le LHM a disparu car les différents systèmes sont devenus classiques et indépendants les uns des autres.

Le niveau du liquide lave-glace

Le liquide lave-glace est très important car il contribue à la bonne visibilité du conducteur. Lors d'un dépassement par exemple, le pare-brise peut se trouver recouvert brusquement d'une projection boueuse qui surprend et aveugle l'automobiliste. Si le réservoir de liquide lave-glace est vide, la conduite du véhicule devient dangereuse. C'est pourquoi il est recommandé de vérifier régulièrement le niveau de la réserve.

Si vous devez rajouter du liquide, il est conseillé d'utiliser un véritable lave-glace. Il existe en effet sur le marché des produits dont on peut se demander ce qu'ils contiennent, tant leur prix de vente est peu élevé. Une norme européenne a pourtant été adoptée à ce sujet donnant un label de qualité aux produits qui s'y réfèrent. Si un mauvais liquide lave-glace provoque moins de dégâts qu'un mauvais liquide de refroidissement, il laisse en général des traces d'alcool sur le pare-brise et des odeurs désagréables.

Que contiennent les produits conformes à la norme ?

Les produits, conformes à la norme CEE, sont à base d'isopropanol et contiennent moins de 20 % de méthanol. Les bidons doivent posséder des bouchons de sécurité-enfants et si la concentration en méthanol dépasse les 20 %, ils doivent être vendus sous clé.

Si vous avez oublié d'acheter du liquide lave-glace, vous avez toujours la possibilité de mettre du liquide lave-vitre ménager, qui contient de l'alcool.

Les erreurs à ne pas commettre

Ne vous trompez pas de bocal et de bouchon. Ne confondez pas le bocal de lave-glace avec le vase d'expansion. Si vous mettez du liquide de refroidissement dans le lave-glace, votre pare-brise va se recouvrir d'une pellicule graisseuse difficile à faire disparaître. L'inverse est moins grave. Le liquide lave-glace se mélange avec le liquide de refroidissement. L'alcool contenu s'évapore et le liquide de refroidissement perd son pouvoir antigel, comme si on avait rajouté de l'eau. Le plus grave est de verser du liquide de frein dans le réservoir du lave-glace. Comme le liquide de frein est corrosif, la pulvérisation sur le pare-brise va détruire toute la peinture voisine. Vous en serez quitte pour une peinture complète !

La périodicité des entretiens

Elle dépend beaucoup des constructeurs, des véhicules et des moteurs aussi. Il est conseillé de lire le carnet d'entretien du véhicule ou de se renseigner auprès d'un agent ou à la concession pour savoir à quelle période il est nécessaire de faire les contrôles, les vidanges et le changement de courroie par exemple.

C'est pour cette raison que vous trouverez pages 24-25 un tableau montrant des exemples de périodicité de treize véhicules de constructeurs et de gammes différents.

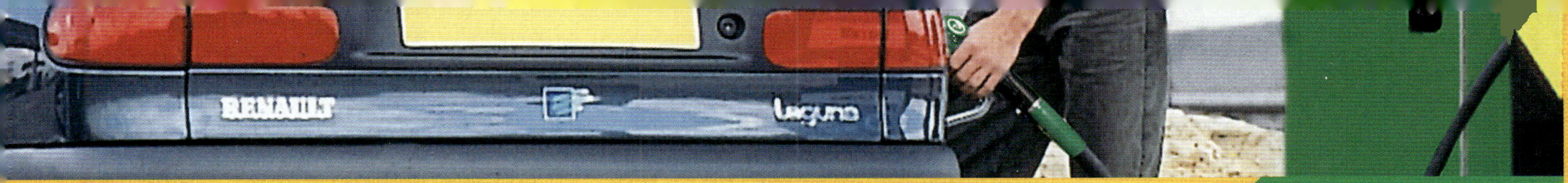

LES CARBURANTS

Jusqu'en 1989, quand ils allaient faire le plein d'essence, les automobilistes avaient le choix entre trois types de carburant : l'essence ordinaire, le supercarburant et le gazole. Entre gazole et essence, pas d'ambiguïté : selon le type du moteur, essence ou Diesel, on savait vers quelle pompe se diriger.

Depuis cette date, les choses se sont compliquées et maintenant, pratiquement toutes les stations-service proposent quatre types de carburants, dont trois qualités d'essence (le supercarburant, le sans plomb 95, le sans plomb 98) et une qualité de gazole. Certains distributeurs ont déjà éliminé le supercarburant.

Si autrefois on pouvait se tromper entre l'ordinaire et le super, le dommage ne portait pas à conséquence. Aujourd'hui, bien que les diamètres des pistolets ne soient pas les mêmes, une méprise peut toujours arriver, et l'erreur de pompe peut coûter très cher.

Qu'est-ce qu'un carburant ?

Les carburants sont obtenus par mélange physique de plusieurs constituants issus du raffinage du pétrole brut. Ces mélanges sont très complexes et le carburant ainsi constitué doit répondre à certaines spécifications négociées entre constructeurs automobiles, pétroliers et pouvoirs publics. Ainsi, le carburant doit posséder des propriétés qui vont influer directement sur le fonctionnement et les performances du moteur. En effet, il agit sur l'alimentation en carburant, sur les réglages de combustion, sur l'encrassement des soupapes, sur le comportement des véhicules dans des conditions d'utilisation les plus diverses (agrément de conduite à chaud et à froid, etc...) et sur sa résistance au cliquetis.

Qu'est-ce que le cliquetis ?

La recherche de la consommation minimale de carburant a poussé les constructeurs à développer des technologies très avancées pour le contrôle de la quantité d'essence introduite dans un moteur.
Ces améliorations conduisent à se rapprocher d'un phénomène bien connu de combustion de l'essence, anormal et incontrôlé, appelé "cliquetis".

Que se passe-t-il exactement ?

Normalement, le déplacement de la flamme produite par l'étincelle à la bougie, donc de la combustion, provoque un accroissement de la température et de la pression dans les gaz non encore brûlés. Si la combustion se déroule normalement, les pressions atteintes sont de l'ordre de 50 bars. Par contre, si une condition anormale se produit, défaut de qualité de l'essence par exemple, les gaz frais peuvent s'auto-enflammer, montant à une pression de plus de 100 bars. Il se produit un phénomène vibratoire qui évoque un tintement métallique caractéristique. C'est le cliquetis. Le cliquetis épisodique de quelques secondes ne semble pas avoir de conséquences néfastes. En revanche, s'il est intense et prolongé, il peut entraîner des ennuis très graves allant jusqu'à la destruction du joint de culasse, au grippage ou à la fusion partielle du piston, et à la détérioration de la culasse et des soupapes. Ce phénomène n'est pas dû uniquement au carburant, mais peut être également la conséquence d'un mauvais réglage de l'allumage, de la carburation, etc.
Les essences produites par les pétroliers sont plus ou moins sensibles au cliquetis. On caractérise alors chaque carburant par sa résistance à l'auto-inflammation, plus connue sous le nom d'"indice d'octane".

L'indice d'octane

C'est une mesure de résistance à l'auto-inflammation d'un carburant dans un moteur à essence, et donc de sa résistance au cliquetis. Plus l'indice d'octane est élevé, plus le carburant a de résistance au cliquetis.
L'indice d'octane s'exprime par un nombre compris entre 0 et 100. Toutefois, cette mesure peut être étendue au-delà de 100 pour des carburants spéciaux (aviation, compétition).
Il existe deux méthodes pour déterminer l'indice d'octane d'un carburant, donc deux indices d'octane.

- Le premier, RON ou "Recherche", caractérise plutôt le comportement du carburant quand il est utilisé dans un moteur fonctionnant à basse puissance (bas régime et en accélération).
- Le second, MON ou "Moteur", caractérise plutôt le comportement du carburant utilisé dans un moteur fonctionnant à haute puissance (haut régime et fortes charges, comme une conduite sur autoroute, en montagne, en remorquage, etc.).

Le RON est le plus connu du grand public, mais il arrive que les deux indices soient mentionnés dans certaines stations-service.
Pour l'automobiliste, une règle est simple : tout moteur doit nécessairement utiliser un carburant d'indice d'octane au moins égal à celui pour lequel il a été conçu.

Utiliser un indice d'octane inférieur peut entraîner de sérieux préjudices au moteur. Inversement, un indice supérieur n'aura pas de conséquences.

Et le plomb ?

L'essence obtenue par distillation du pétrole brut possède un indice d'octane de 70, qui le rend impropre à l'utilisation dans les moteurs. Il fallait donc ajouter des additifs afin d'augmenter cet indice. C'est le plomb qui a été choisi.

Or, non seulement le plomb apportait des qualités antidétonantes, mais il avait aussi un pouvoir lubrificateur. Ainsi, grâce à lui, les constructeurs ont pu continuer à utiliser des moteurs de conception ancienne et éviter l'usure de certaines pièces, les soupapes au contact des sièges en particulier. Les doses de plomb utilisées dans les carburants ont diminué au cours des dernières années jusqu'à l'apparition des essences sans plomb. La suppression a entraîné une nouvelle métallurgie des sièges de soupapes.

Le plomb contenu dans le carburant avait deux inconvénients majeurs.

- La toxicité tout d'abord. Le plomb a une incidence néfaste sur le corps humain. On estime à 70 % la quantité de plomb contenue dans l'essence et évacuée par les gaz d'échappement ; 30 % se déposent presque immédiatement sur le sol, tandis que 40 % restent en suspension dans l'atmosphère, provoquant des nuisances sur l'être humain qui l'inhale. Cependant, le plomb en suspension dans l'air absorbé par un individu représente une masse faible (0,009 à 0,015 mg/jour), comparée à celle qu'il absorbe dans la nourriture et la boisson (0,25 à 0,35 mg/jour). Mais le plomb inhalé atteint plus facilement le sang.
- Le plomb avait aussi une incidence sur les pots catalytiques et les sondes à oxygène. Il les empoisonnait. Il se condensait sur les surfaces actives et empêchait le contact entre les gaz et les métaux utilisés dans les pots catalyseurs. Les réactions chimiques ne pouvaient plus avoir lieu et l'efficacité du traitement catalytique était annulée.

L'adoption d'un système de dépollution des gaz d'échappement avec pot catalytique et sonde à oxygène a donc entraîné systématiquement la suppression du plomb contenu dans l'essence. Un seul plein de carburant plombé suffisait à détruire les composants du catalyseur.

Depuis le 1er janvier 2000 et par application d'une directive européenne, le super plombé n'est plus commercialisé en France, il est remplacé par le supercarburant.

Les différents types de carburant :

Le sans plomb

Il est apparu en Europe en 1985 et s'est généralisé en France à partir des années 1990. Le sans plomb est maintenant l'essence de référence. Il est obligatoire pour les véhicules à essence équipés d'un pot catalytique. Cependant, il n'est pas nécessaire d'avoir un véhicule catalysé pour utiliser du sans plomb.

Il existe deux types de sans plomb : le carburant d'indice d'octane 98 et celui d'indice d'octane 95.

- Tous les véhicules à essence mis en circulation depuis juillet 1990 (millésime 91 des constructeurs) sont conçus pour rouler au sans plomb 95.
- La plupart des véhicules mis en circulation depuis juillet 1986 (millésime 87 des constructeurs) peuvent rouler au sans plomb 98.

Le supercarburant

Il remplace depuis janvier 2000 le super plombé et possède les mêmes performances. Il est composé d'une base de sans plomb 98 à laquelle on a ajouté un additif à base de potassium, qui joue le rôle de lubrifiant vis-à-vis des sièges de soupapes en particulier.

Le gazole

Le gazole est le carburant des moteurs Diesel. Aujourd'hui, plus d'un automobiliste sur trois roule au gazole. Comme l'essence, le gazole est caractérisé par un indice d'auto-inflammation : c'est l'indice de cétane. Plus l'indice est élevé, plus le délai d'inflammation du carburant est court.

Le GPL-c (Gaz de pétrole liquéfié carburant)

C'est un mélange de butane et de propane. L'utilisation du GPL-c sur les véhicules à essence actuels nécessite l'installation d'un kit d'adaptation et d'un réservoir spécial. Cette installation ne peut être faite que par un installateur agréé. Aujourd'hui, les constructeurs proposent des véhicules équipés en bicarburation essence + GPL-c. Il est nécessaire de démarrer en mode essence et de passer en mode GPL au moyen d'un simple interrupteur.

Le GNV (Gaz naturel de ville)

Comme le GPL, il est utilisé sur les véhicules à essence par l'installation d'un kit. Il est moins cher que le GPL, mais seuls les véhicules des administrations peuvent en être équipés, il est donc impossible pour un particulier d'en bénéficier.

Pourquoi les prix en France varient-ils d'une station à une autre ?

Le prix d'un litre de carburant dépend :

- des fluctuations des prix du dollar et du baril de pétrole ;
- des frais de stockage des carburants ;
- des coûts de transport, variables selon les régions et selon qu'il est acheminé par mer, route, fer, pipeline ;
- de l'activité de la zone où se situe la station ;
- de la fréquentation des axes routiers.

Sur les autoroutes, le prix du carburant est plus élevé car :

- les sociétés concessionnaires d'autoroutes prélèvent leur part sur chaque litre vendu ;
- le coût de construction des stations est plus élevé ;
- les frais de fonctionnement sont plus élevés car elles sont ouvertes 24 h/24 et tous les jours de l'année.

La qualité des carburants vendus en grandes surfaces est-elle la même que celle des stations-service ?

L'essence vendue en France est soumise à des spécifications définies par les pouvoirs publics, donc tous les carburants sont contrôlés et conformes à la législation, quels que soient leurs lieux de vente.

Cependant, les constructeurs tels que Renault et PSA (Peugeot et Citroën) ont établi un cahier des charges plus strict que les spécifications françaises, s'appuyant sur le fait que la qualité de l'essence vendue en France n'était pas suffisante et pouvait entraîner des incidents moteur, comme l'encrassement des soupapes, celui des chambres de combustion et des injecteurs. Pour répondre à cette demande, les pétroliers rajoutent des additifs dans leurs carburants. Ces additifs sont ajoutés au carburant de base, juste au moment du stockage dans les dépôts. Si le carburant est destiné à une marque, on rajoute l'additif de la marque. S'il est destiné à une station de grande surface, le carburant est livré tel quel.

Cependant, comme chaque marque introduit ses propres additifs qu'elle garde confidentiels, chaque marque peut prétendre faire la différence et apporter certaines améliorations, dont certaines sont reprises dans la publicité : réduction des émissions polluantes, meilleur rendement du moteur, réduction de la consommation, meilleur état général du moteur.

Doit-on rajouter des additifs dans le carburant ?

La qualité du carburant a une influence importante sur le fonctionnement du moteur, son rendement et sa longévité. Un carburant de mauvaise qualité encrasse les soupapes et colmate les conduits. On aurait donc tendance à recommander l'utilisation des carburants contenant des additifs. Cependant, il apparaît que, pour des raisons d'économie, beaucoup de conducteurs préfèrent faire le plein dans les grandes surfaces, sans rencontrer de véritables problèmes de fonctionnement de leur moteur. Apparemment, nous avons la chance en France de disposer de carburants de qualité satisfaisante. Néanmoins, si des perturbations se manifestent dans le fonctionnement de votre moteur : difficulté de démarrage, calage, défaut de ralenti, de puissance, apparition d'à-coups à l'accélération, etc., il existe des additifs vendus dans les concessions des constructeurs et dans les centres-autos. Ces additifs, qu'il faut rajouter au carburant lors du ravitaillement, possèdent des propriétés anticorrosives qui vont nettoyer le système d'alimentation et éviter les dépôts dans le moteur.

Quelles conséquences si on se trompe de pompe ?

Si on met de l'essence dans un véhicule à moteur Diesel, il faut vidanger tout de suite le réservoir et l'alimentation en carburant du moteur. L'essence étant moins grasse que le gazole, il y a un risque évident de grippage du système d'alimentation en gazole du moteur, et en particulier de la pompe à injection.

Pour mettre du gazole dans le réservoir d'un véhicule à essence, c'est déjà plus difficile : le diamètre des pistolets des pompes à gazole est beaucoup plus gros que l'orifice de remplissage du réservoir d'essence.

Si on met du supercarburant dans un moteur prévu pour du sans plomb, il y a un risque de détérioration du pot catalytique et du système antipollution du moteur.

LES HUILES

Sans lubrifiant, deux pièces qui frottent l'une contre l'autre s'échauffent. La température atteinte peut devenir si importante qu'elle risque d'entraîner rapidement un grippage de la surface de contact et la destruction des deux pièces. Pour éviter ce phénomène, il faut intercaler entre les deux corps une mince couche d'huile.
En automobile, il existe une multitude de pièces qui frottent les unes contre les autres. C'est pourquoi la lubrification d'un moteur est fondamentale et réclame une attention toute particulière. Un système de graissage envoie donc de l'huile sous pression grâce à une pompe immergée, placée dans le carter inférieur du moteur. Cette huile circule à travers le moteur par tout un réseau de canalisations et va former entre les pièces en contact un film protecteur et permanent.
L'efficacité et la régularité de cette mission sont fondamentales pour la santé du moteur.

À quoi sert l'huile ?

L'huile remplit cinq fonctions principales :

1. Réduire les frottements

En s'intercalant entre les pièces en mouvement, l'huile va diminuer les résistances de contact et donc réduire les frottements. Le moteur soulagé va augmenter son rendement et réduire sa consommation de carburant. Si les résistances de contact sont diminuées, l'usure des pièces devient moins importante et la durée de vie du moteur se trouve augmentée. Conclusion, avec une bonne lubrification, on obtient :

- une plus grande longévité des moteurs ;
- une réduction de la consommation et des dépenses d'entretien ;
- une parfaite sécurité de fonctionnement.

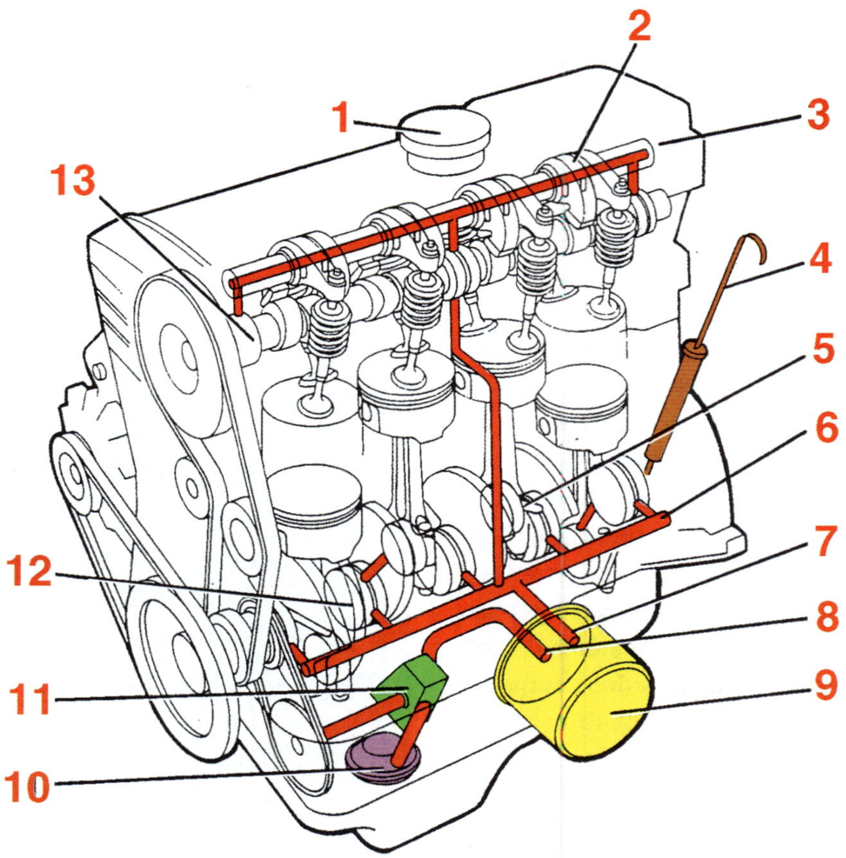

L'HUILE PARCOURT LE CIRCUIT DE GRAISSAGE D'UN MOTEUR : *1. bouchon de remplissage d'huile, 2. culbuteurs, 3. rampe de culbuteurs, 4. jauge à huile, 5. coussinets de bielle, 6. canalisation principale d'huile, 7. sortie de filtre à huile, 8. entrée du filtre à huile, 9. cartouche filtrante retenant les impuretés, 10. crépine, 11. pompe à huile, 12. palier de vilebrequin, 13. palier d'arbre à cames.*

2. Protéger les surfaces

Les résidus de la combustion à l'intérieur des moteurs (en particulier le soufre contenu dans le carburant) provoquent une action chimique corrosive qui attaque les pièces métalliques, principalement pendant les périodes d'arrêt ou de fonctionnement à basse température. Le second rôle de l'huile va donc être de protéger les surfaces des pièces frottantes contre cette corrosion acide.

3. Refroidir les organes

On sait que l'eau et l'air participent activement au refroidissement des moteurs, en particulier à celui de la culasse et des cylindres. Ce que l'on connaît moins, c'est le rôle exercé par l'huile sur le refroidissement des organes internes du moteur, comme le vilebrequin, les bielles, les pistons et les engrenages. Par sa circulation rapide, l'huile évacue les calories qu'elle transporte dans le carter inférieur du moteur, lui-même refroidi par le passage de l'air. Sur certaines voitures, il existe même des radiateurs d'huile. Rappelez-vous les 2 CV...

4. Évacuer les impuretés

Même en fonctionnement normal, un moteur s'encrasse. Les résidus de combustion, les poussières venues de l'extérieur, certains produits issus de la décomposition de l'huile elle-même, les particules métalliques provenant de l'usure des pièces, tout ceci provoque des dépôts intempestifs, les segments se recouvrent d'un vernis, les soupapes s'encrassent, la boue formée circule dans les canalisations et risque de les boucher. La fonction de l'huile dans ce domaine va être d'évacuer toutes ces impuretés pour les maintenir en suspension et les conduire dans le filtre. Même si le rôle du filtre est primordial, celui de maintenir le moteur propre, pour l'huile, est tout aussi important et complémentaire.

5. Assurer l'étanchéité

L'huile a également un rôle d'étanchéité. En effet, pour avoir une bonne compression et un bon rendement du moteur, les pistons doivent être parfaitement étanches dans les cylindres. Cette étanchéité est assurée par un film d'huile entre les pistons, les segments et la chemise. Plus ce film est efficace, plus la combustion est parfaite et plus le passage des gaz de combustion vers le carter est réduit. La pollution qui en découle est limitée.

Quelles qualités attend-on d'une huile ?

1. Une bonne stabilité thermique

En effet, soumises aux fortes températures, les huiles ont tendance à se décomposer et à former sur leur passage des dépôts de gomme, de vernis et de carbone. Une bonne huile doit donc garder sa composition et résister à la chaleur.

2. Une bonne stabilité mécanique

Les molécules d'huile se trouvent souvent coincées sous des efforts très importants, entre les bielles et le vilebrequin par exemple. Elles ne doivent pas se cisailler en particules plus petites qui risqueraient de compromettre la continuité et la qualité du film d'huile.

3. Résistance aux phénomènes de moussage

C'est-à-dire à la formation de bulles d'air occasionnée par le brassage de l'huile. Ce phénomène empêche une montée en pression de l'huile, peut désamorcer la pompe à huile et à la longue entraîner le grippage (les coussinets de bielles par exemple).

4. Faible volatilité

L'évaporation des éléments légers de l'huile provoque une consommation anormale du lubrifiant.

Qu'est-ce qu'une huile minérale et une huile synthétique ?

Les huiles des moteurs actuels sont divisées en deux catégories :

- les huiles minérales ;
- les huiles de synthèse.

Ces huiles sont composées, elles-mêmes, de deux éléments :

- les bases représentant environ 80 à 90 % du produit ;
- les additifs représentant les 20 à 10 % restant.

Les bases

Les bases minérales :

Elles sont obtenues par raffinage du pétrole brut et ne subissent aucune autre transformation. Les spécialistes affirment qu'elles font partie de la famille des paraffiniques, des naphténiques et des aromatiques.

Elles ont surtout l'avantage d'avoir un coût moins élevé, mais elles vieillissent plus rapidement.

Les bases de synthèse :

Elles sont obtenues par réactions chimiques en laboratoire, à partir de dérivés du pétrole. La structure moléculaire a été transformée pour améliorer les performances. Dans cette famille, on trouve les polyglycols, les esters et les hydrocarbures de synthèse.

Elles ont la particularité d'être peu sensibles aux variations de température, elles supportent les hautes températures et possèdent une excellente stabilité thermique. Elles ont donc une bonne résistance au vieillissement et répondent donc ainsi aux exigences les plus sévères.

Trois solutions existent pour l'obtention de ces bases de synthèse :

- l'hydrocraquage : on fait passer de l'hydrogène dans une huile minérale sous hautes températures ;
- la synthèse chimique : par manipulations chimiques on obtient des molécules plus performantes ;
- l'utilisation d'esters d'origine animale ou végétale à la place de dérivés du pétrole. Ce sont les bases les plus onéreuses.

Les additifs

Ils confèrent aux différentes huiles leurs qualités en renforçant certaines

Les différents types d'additifs	Leur fonction
Détergent	Empêcher ou diminuer les dépôts sur les surfaces
Dispersant	Éviter l'agglomération des dépôts décollés des parois et maintenir les particules en suspension dans l'huile
Anti-oxydant	Bloquer ou retarder les réactions chimiques de l'oxygène avec les huiles
Anticorrosion	Empêcher la formation de la rouille par neutralisation des éléments acides contenus dans l'huile
Anti-usure	Améliorer les conditions de frottement pour les contacts métal/métal
Améliorant la température	Limiter la variation de viscosité en fonction de l'indice de viscosité
Améliorant le point d'écoulement	Modifier les propriétés d'écoulement de l'huile à basse température
Antimousse	Résorber la formation de mousse
Améliorant l'onctuosité	Renforcer la formation du film d'huile
De rodage	Favoriser et accélérer le processus de rodage

caractéristiques des bases. C'est grâce à eux que se font les progrès dans les performances des nouvelles huiles.

On distingue plusieurs types d'additifs (voir tableau page précédente).

En fait, les qualités des huiles évoluent constamment vers des caractéristiques de plus en plus poussées, car :

- les moteurs sont de plus en plus rapides et performants avec des turbos, des multisoupapes, etc. ;
- les exigences en matière de respect de l'environnement sont de plus en plus strictes ;
- les vidanges doivent être de plus en plus espacées ;
- les conditions d'utilisation des véhicules sont de plus en plus difficiles (embouteillage, vitesse sur autoroute...).

Pour des raisons commerciales, des huiles semi-synthétiques sont apparues récemment, composées de bases synthétiques et minérales, sélectionnées pour leurs caractéristiques à chaud et à froid permettant de "passer" les normes de performance (voir plus loin).

Savez-vous lire un bidon d'huile ?

Les caractéristiques des huiles sont données par deux informations qui sont mentionnées sur le bidon : l'indice de viscosité et l'indice de performance.

L'indice de viscosité

C'est la première indication que l'on voit en gros sur un bidon d'huile. Et d'abord la viscosité, qu'est-ce que c'est ? C'est la résistance plus ou moins grande d'un fluide à s'écouler. Ainsi, plus une huile sera visqueuse et plus elle mettra de temps à s'écouler. Or cette caractéristique n'est pas constante et varie avec la température. L'huile a tendance à être plutôt visqueuse à froid et fluide à chaud. C'est un grave défaut car si elle est trop fluide, le film d'huile ne pourra pas se former entre deux surfaces frottantes. Il va être écrasé. Par contre, l'huile ne doit pas être trop visqueuse car sa trop forte résistance s'opposerait au mouvement des pièces et pourrait par exemple entraîner des démarrages difficiles.

Une classification a été établie par la SAE *(Society of automotive engineers)*, qui définit un grade pour les huiles suivant leur comportement à chaud et à froid. Ce sont les huiles "monogrades".

Cependant, les recherches des fabricants ont permis de commercialiser des huiles qui conservent leur viscosité malgré l'élévation de la température. Elles peuvent ainsi être utilisées aussi bien en hiver qu'en été. Ce sont les huiles dites "multigrades". Un code bien particulier les caractérise. Il est composé de deux chiffres, d'une lettre et de deux autres chiffres.

- Le premier nombre de deux chiffres suivi de la lettre W représente l'indice de viscosité de l'huile à froid (W pour *winter*, qui signifie hiver en anglais). Plus le nombre est bas, plus l'huile sera fluide et meilleure se fera la lubrification à froid.
- Le second nombre, de deux chiffres également, indique l'indice de viscosité à chaud, c'est-à-dire la capacité de l'huile à rester visqueuse à chaud. Ainsi, plus l'indice est élevé et plus l'huile sera visqueuse et pourra affronter les hautes températures, moteur chaud.

Une huile SAE 20 W 40 sera plus visqueuse à froid qu'une huile SAE 10 W 40. De même, une huile SAE 20 W 50 sera plus visqueuse à chaud qu'une huile SAE 20 W 40.

Plus l'écart entre les deux chiffres est important, plus l'huile est performante et plus le prix est élevé. On trouve maintenant des huiles de synthèse 0 W 50 !

Alors quelle viscosité choisir ?

Le choix doit se faire en fonction de l'âge du moteur, de l'utilisation du véhicule et du climat de la région.

Dans les régions tempérées, l'huile

LA VISCOSITÉ : *c'est l'aptitude de l'huile à s'écouler. Plus l'huile est visqueuse plus le moteur sera bien lubrifié, mais plus il aura du mal à tourner.*

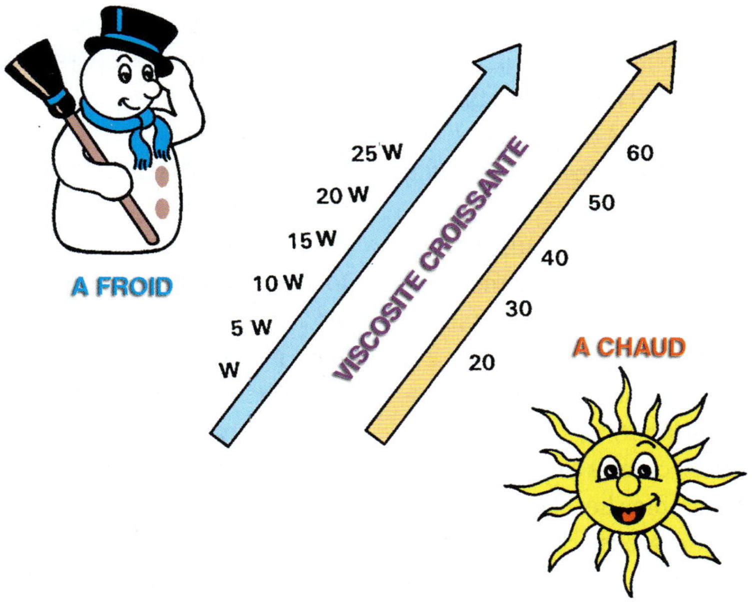

LA NORME SAE : ***plus le chiffre augmente plus la viscosité est importante à froid comme à chaud.***

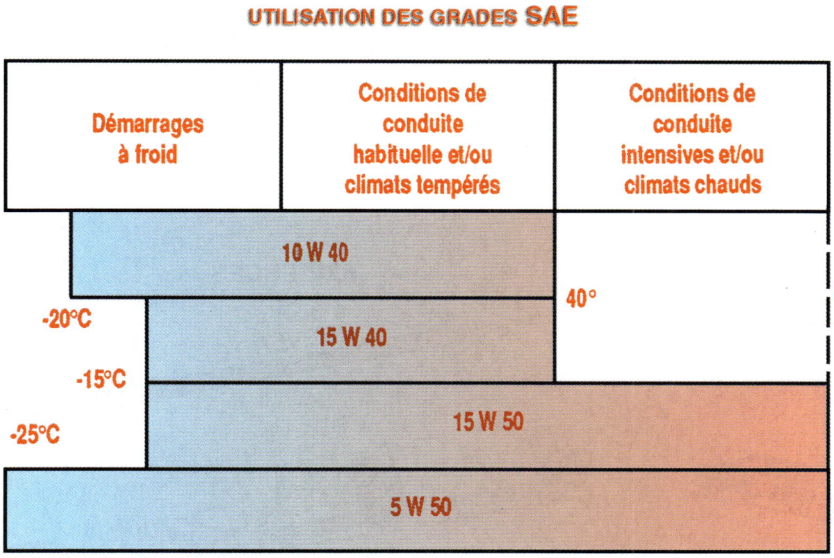

Utilisation des indices de viscosité SAE suivant la température.

la plus couramment utilisée est la 20 W 40.

Dans les régions froides, on devrait utiliser la 5 W 40 ou 10 W 40. Cette huile plus fluide à froid limite les efforts lors des démarrages du moteur froid. Le moteur peine moins car il a peu de résistance, il va donc consommer moins et, enfin, l'huile va pénétrer plus vite dans le moteur, son rôle de lubrifiant sera plus vite assuré et l'on diminuera l'usure.

Cependant, si le moteur est fatigué, l'huile plus fluide aura tendance à remonter plus facilement dans le haut moteur du fait de l'usure des segments. Elle participera alors à la combustion du mélange, produira des gaz toxiques et sera plus vite consommée.

Cependant cette classification SAE ne donne en aucun cas une garantie de qualité.

Trois autres classifications prennent en compte les performances de ces huiles. Elles ont toutes été établies à partir de l'analyse des huiles utilisées dans des essais de moteurs soumis à des conditions de fonctionnement particulièrement sévères.

L'indice de performance

Les tests de performance des huiles sont effectués par trois organismes principaux qui établissent une classification qui leur est propre, en fonction des résultats obtenus.

- La classification API *(American petroleum institute)* :

  Elle distingue deux types d'huile. Les huiles pour moteur à essence et les huiles pour moteur Diesel.

  - Les huiles pour moteur à essence :

    Elles sont repérées par une première lettre “S” suivie d'une seconde lettre définissant un niveau de performance.

    Plus la lettre avance dans l'alphabet et plus l'huile est performante.

    Bien que les classements SA, SB, SC, et SD aient existé, il ne reste plus à l'heure actuelle sur le marché que les références SE, SF, SG, SH, SJ.

  - Les huiles pour moteur Diesel :

    Elles sont repérées par une première lettre “C” suivie d'une seconde lettre définissant un niveau de performance.

    Là aussi, plus la seconde lettre avance dans l'alphabet et plus l'huile est performante.

    Les classements CA et CB ne correspondent plus aux besoins actuels. Seules les références suivantes existent actuellement : CC, CD, CE, CF, CF-4, CG-4.

REMARQUE : Beaucoup d'huiles conviennent en même temps aux moteurs à essence et aux moteurs Diesel.

- La classification ACEA (Association des constructeurs européens d'automobile) :
  Cette classification reprend en partie les conditions d'essais des huiles suivant les spécifications américaines, mais intègre également des essais typiquement européens. Elle fait, elle aussi, la différence entre les huiles destinées aux moteurs à essence et celles destinées aux moteurs Diesel.
  - Pour les moteurs à essence, les huiles sont classées A1, A2, A3 selon leurs comportements lors d'essais et leur particularité, A1 : économie de carburant, A2 : entrée de gamme, A3 : haut de gamme.
    Ainsi plus le chiffre qui suit la lettre A est élevé, meilleures sont les performances de l'huile.
  - Pour les moteurs Diesel, les huiles sont classées B1, B2, B3. Là aussi, plus le chiffre qui suit la lettre B est élevé, plus l'huile est performante.

REMARQUE : On trouve aussi beaucoup d'huiles qui conviennent en même temps aux moteurs à essence et aux moteurs Diesel.

- La classification MIL (*Military institute lubrifiant*) :
  Cette classification a été mise au point pour les propres besoins de l'armée américaine, grosse consommatrice de carburant et très exigeante pour la qualité des produits utilisés.
- Les autres classifications :
  À ces standards API, ACEA, MIL, sont venus s'ajouter des tests et homologations spécifiques à certains constructeurs, suite à des problèmes qui sont apparus sur leurs moteurs. Ainsi peuvent apparaître aussi les spécifications VW (50500 par exemple), Mercedes, ou SAAB.

Peut-on mélanger les huiles ?

Toutes les huiles minérales de toutes les marques peuvent être mélangées, même si elles sont de viscosité et de classification différentes. Ainsi, pour les appoints, toutes les combinaisons sont possibles sans risque pour le moteur, avec la nuance près que les huiles prévues pour les moteurs Diesel possèdent un additif spécifique plus détergent. Pour les vidanges, prévoyez cependant une huile avec les mêmes caractéristiques.

Par contre, il n'est pas souhaitable de mélanger une huile synthétique avec une huile minérale car l'huile syn-

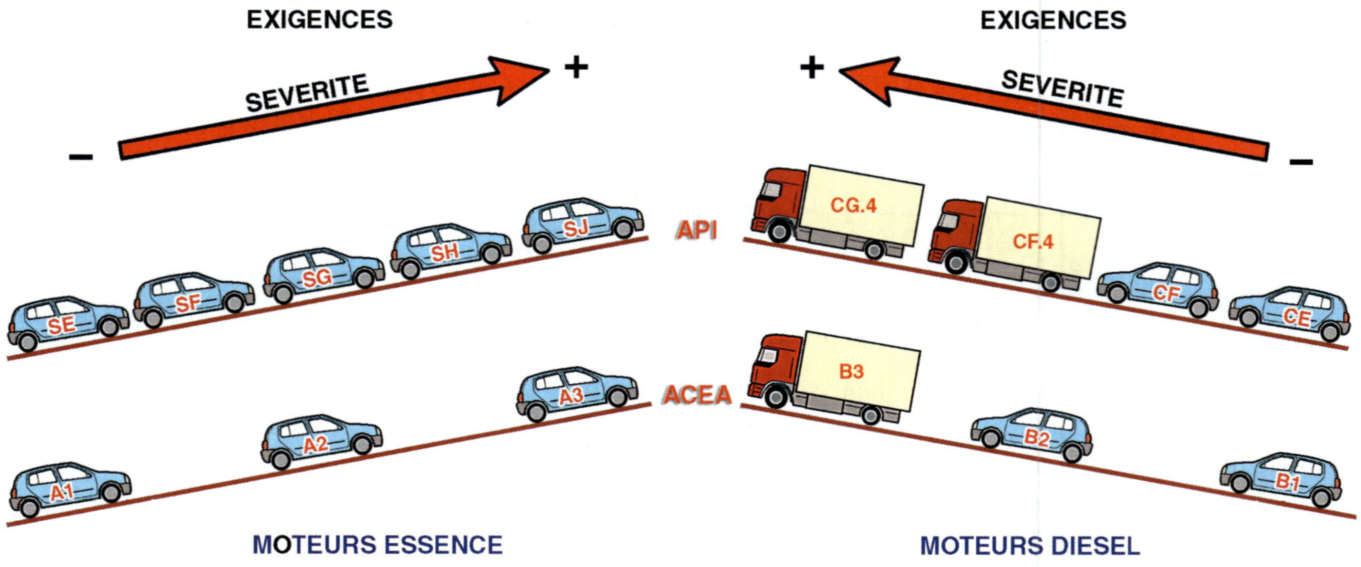

Dans les normes API la lettre S est pour les moteurs essence et la lettre C pour les Diesels. Plus la seconde lettre avance dans l'alphabet plus l'huile est performante.
Dans la norme ACEA la lettre A correspond aux moteurs à essence, la lettre B aux moteurs Diesels. Plus le chiffre qui suit ses lettres est important plus l'huile est performante.

thétique va perdre une grande partie de ses qualités et ce serait dommage vu le prix !

Les huiles avec et sans marque sont-elles équivalentes ?

Les huiles vendues en grandes surfaces de même classification (API et ACEA) et de même viscosité (SAE) sont équivalentes. La différence de prix provient des additifs que les fabricants de grandes marques ajoutent, justement pour faire la différence.

Quelles huiles choisir pour votre moteur ?

Le choix d'une huile ne peut se faire qu'en fonction :

- du véhicule utilisé (état du moteur, âge du véhicule, etc.) ;
- de l'usage qui en est fait.

Suivant les caractéristiques du véhicule

Un véhicule qui a beaucoup roulé possède un moteur usagé dont les jeux entre les pièces sont importants. On choisira donc une huile qui sera visqueuse, aussi bien à chaud qu'à froid pour compenser les jeux d'usure.

De même, pour les véhicules à moteur à plat, une huile visqueuse est conseillée.

Pour les véhicules dont le moteur et la boîte de vitesses font un seul et même bloc, donc lubrifiés par la même huile, il faudra choisir une huile qui supporte très bien les efforts de cisaillement des pignons de la boîte, donc une huile performante.

Pour un moteur en bon état, utilisez de l'huile de très bonne qualité.

Si vous possédez un véhicule de forte

L'évolution des lubrifiants s'oriente de plus en plus vers le haut de gamme, les huiles de synthèse ayant définitivement supplanté les huiles minérales.

puissance avec ou sans turbo, choisissez une huile de synthèse.

Suivant l'usage qui en est fait

- Un véhicule qui assure un service de porte-à-porte, et particulièrement en ville, aura un moteur qui tournera souvent au ralenti, soit parce que le conducteur attend régulièrement aux feux, soit parce qu'il est coincé dans les embouteillages.
L'enrichissement à froid sera souvent utilisé. Les démarrages seront fréquents sans que la température de bon fonctionnement soit atteinte, bien souvent. Dans ces conditions, l'huile est soumise à une dilution très importante d'essence non brûlée et d'eau. Elle risque de perdre rapidement ses qualités. Dans ce cas, soit on choisira une huile de haute qualité qui va protéger votre moteur tant à chaud qu'à froid, soit une huile moyenne assortie d'une vidange régulière, tous les six mois par exemple.
- À l'inverse, un moteur qui fait de longs trajets même à vitesse rapide sans être soumis à de brusques variations de température, sur autoroute par exemple, aura besoin d'une huile de très haute qualité et autorisera un espacement très long entre les vidanges, 10 000 à 20 000 km. Une huile de synthèse serait vivement conseillée.

Entre ces deux extrêmes se situe le cas le plus fréquent du véhicule que l'on utilise régulièrement tout au long de l'année pour les trajets domicile-travail et pour un long parcours pendant les vacances estivales. Il serait sage dans ce cas de vidanger l'huile de façon régulière en cours d'année et de faire une vidange juste avant le départ en congés, en choisissant une huile semi-synthétique ou synthétique, plus adaptée à la situation.

Correspondance entre l'âge du véhicule, le type de moteur, l'utilisation et le type d'huile (minérale semi-synthétique ou synthétique)

CORRESPONDANCE USUELLE

Minérale : 20W40, 20W50 ** Bon,	Minérale enrichie : 15W40 *** Très bon,	Semi-synthèse : 10W40 **** Excellent,	Synthèse : 5W40, 0W40 ***** Optimal

Âge du véhicule	Type	Usage route	Usage urbain	Usage intensif
< 3 ans	Moteur multisoupapes et turbo	Synthèse *****	Synthèse *****	Synthèse *****
	Moteur classique	Semi-synthèse ****	Synthèse *****	Synthèse *****
3 à 5 ans	Moteur multisoupapes et turbo	Semi-synthèse ****	Semi-synthèse ****	Synthèse *****
	Moteur classique	Semi-synthèse ****	Semi-synthèse ****	Synthèse *****
5 à 7 ans	Moteur multisoupapes et turbo	Minérale enrichie ***	Semi-synthèse ****	Semi-synthèse ****
	Moteur classique	Minérale enrichie ***	Minérale enrichie ***	Semi-synthèse ****
> 7 ans	Moteur multisoupapes et turbo	Minérale enrichie ***	Minérale enrichie ***	Semi-synthèse ****
	Moteur classique	Minérale **	Minérale enrichie ***	Semi-synthèse ****

Conseils pour la vidange

Quand devez-vous faire la vidange ?

Le carnet d'entretien du véhicule précise les intervalles de vidange. On peut cependant rappeler qu'une vidange s'effectue en moyenne selon la qualité de l'huile :
SJ/CF, CF-4 : 20 à 30 000 km ;
SG/CE : 15 à 20 000 km ;
SF/CD : 10 à 12 500 km ;
SF/CC : 7 500 à 10 000 km.
Ces kilométrages correspondent à une utilisation non intensive du véhicule.
Pour des emplois sévères – vitesses élevées, fortes charges, hautes températures –, vous devrez choisir la gamme supérieure en gardant le même espacement ou bien faire la vidange plus souvent.
De toute façon, effectuez au moins une vidange par an quel que soit le kilométrage parcouru.
La périodicité de vidange à 7 500 km est vivement conseillée pour tous les véhicules utilisés en permanence dans l'une des conditions suivantes :

- trajets porte-à-porte ;
- petits trajets répétés, moteur froid à basse température ;
- utilisation urbaine ;
- dans les pays chauds de température fréquemment supérieure à +30 °C ;
- dans les pays froids de température fréquemment inférieure à –15 °C ;
- dans les pays à atmosphère poussiéreuse ;

- traction d'une remorque ;
- pour les véhicules âgés ;
- pour tous les moteurs Diesel.

Comment effectuer la vidange ?

Il faut toujours faire la vidange quand le moteur est chaud car l'huile est plus fluide dans ces conditions et évacue plus facilement les impuretés.

1 Calez votre voiture et placez-la si possible sur des chandelles. Glissez un bac sous le carter et enlevez le bouchon de remplissage placé en général sur le cache-culbuteurs.

2 Dévissez le bouchon de vidange sous le carter et laissez couler l'huile, profitez de ce temps pour remplir l'étiquette à coller dans le compartiment moteur.

3 Nettoyez le bouchon de toute limaille qui aurait pu s'agglutiner sur l'extrémité magnétique et remontez-le, muni d'un joint neuf (la jointure du cuivre placée côté carter moteur).

4 Faites le plein d'huile en tenant compte des capacités données par le constructeur et notées sur le carnet d'entretien ou en contrôlant régulièrement le niveau avec la jauge. Si vous avez profité de cette occasion pour changer le filtre à huile, la quantité d'huile nécessaire devra être augmentée de 0,5 l par rapport à la quantité normale.

5 Vérifiez qu'il n'y ait pas de fuite et essuyez consciencieusement les gouttes d'huile qui seraient tombées malencontreusement.

6 Videz l'huile usagée dans un endroit prévu à cet effet.

Le recyclage des huiles

Les huiles de vidange sont des produits nuisibles pour l'environnement et l'on estime que 1 l d'huile déversé sauvagement pollue une nappe d'eau de 1 000 m². De même, un brûlage à moins de 1 450 °C rejette des émanations nocives. Il est donc très important de respecter les consignes de récupération des huiles usagées en les versant, soit dans les containers prévus à cet effet, soit en les déposant chez un professionnel de la réparation.

Sur les 290 000 t d'huile utilisées par les moteurs automobile, 172 000 t ont été récupérées en 1992 par des ramasseurs agréés. Il reste donc à peu près 100 000 t qui disparaissent dans la nature ou

Face à une offre pléthorique sur les linéaires des grandes surfaces et centres auto, vous pouvez toujours demander conseil au vendeur qui saura vous aider dans votre choix.

qui font l'objet d'un brûlage illicite. Sur les 172 000 t collectées, 45 % sont allées vers les usines de régénération et les 55 % restant ont été dirigées vers des cimenteries pour servir de combustible. Le problème actuel reste cependant celui de la collecte des huiles, dont la rentabilité par les entreprises spécialisées n'est pas toujours assurée.

Quelques chiffres sur les huiles

43 millions de vidanges sont effectuées en France par an.
180 millions de litres d'huile sont ainsi consommés.
40 % des automobilistes font eux-mêmes leur vidange.
75 % des clients qui achètent leur huile dans une grande surface n'ont aucune idée du produit et sont indécis devant le rayon.
60 % souhaiteraient une plus grande information sur le lieu de vente qui guiderait leur choix.
54 % sont fidèles dans leur choix à la préconisation du constructeur ou à la marque du fabricant par peur et par ignorance.
50 s, c'est le temps que consacre en moyenne un consommateur pour faire le choix de son huile.
Quatre litres est la contenance moyenne d'un carter.
En un an, l'automobiliste français :

- parcourt 15 500 km ;
- consomme pour sa voiture 8 à 9 l d'huile;
- fait ou fait faire deux fois la vidange de son véhicule.

297 000 t est le poids que représentent les huiles usagées.
180 000 t sont collectées par des ramasseurs agrées.
120 000 t sont dirigées vers l'industrie de régénération, 60 000 t vers la filière de valorisation énergétique.
75 % des huiles collectées proviennent des professionnels de l'automobile.
110 000 t... disparaissent.
5 l d'huile polluent une nappe d'eau de 5 000 m².

5

CHANGER LES FILTRES

Certains automobilistes oublient le rôle essentiel que jouent les filtres dans leur voiture.Que ce soit le filtre à huile, le filtre à air ou le filtre à essence ou à gazole, c'est à eux que revient la lourde tâche de maintenir en permanence la propreté de l'huile, de l'air et du carburant, indispensable à la bonne marche du moteur et garant de sa longévité. Ces filtres méritent beaucoup d'attention et demandent qu'on les change régulièrement. Les laisser s'encrasser et ne pas tenir compte des périodicités d'entretien est un mauvais calcul qui finit par coûter cher.

Le filtre à huile

C'est cette petite boîte noire ou bleue fixée sur le bloc-moteur. Elle retient toutes les particules métalliques dues à l'usure, tous les résidus d'oxydation de l'huile, tous les déchets charbonneux de combustion et toutes les boues formées par une mauvaise combustion, ainsi que l'eau de condensation qui apparaît lorsque le moteur est froid. Tous ces éléments se retrouvent emprisonnés dans le filtre à huile.

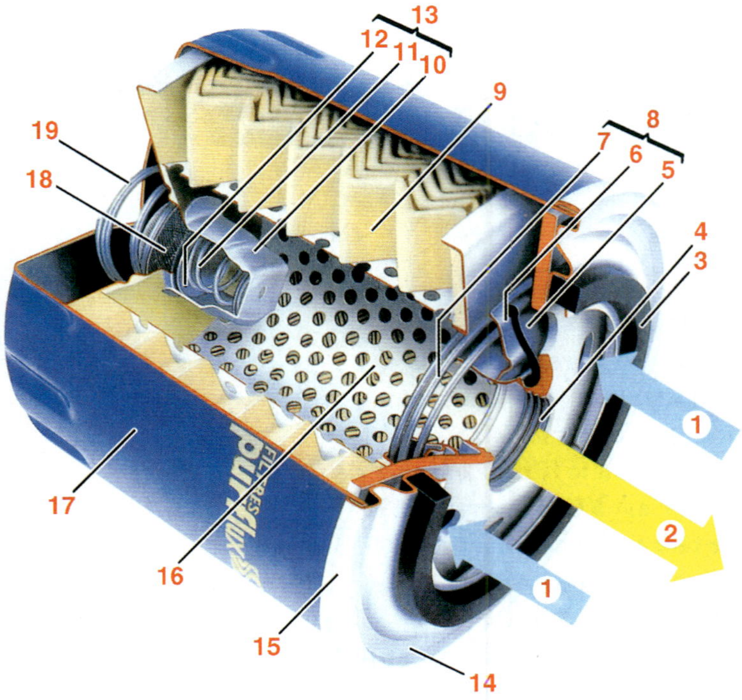

Constitution d'un filtre à huile à visser : 1. entrée de l'huile à filtrer, 2. sortie de l'huile filtrée, 3. joint, 4. filetage pour la fixation, 5. membrane, 6. coupelle, 7. ressort, 8. clapet anti-retour, 9. papier filtrant, 10. pontet, 11. ressort, 12. clapet, 13. clapet anti-colmatage, 14. collerette, 15. sertissage, 16. tube perforé, 17. cuve, 18. tamis, 19. ressort d'appui.

Comment fonctionne le filtre à huile ?

Le filtre à huile est composé d'un papier poreux dont le seuil de filtration actuel ne permet le passage qu'aux particules de 15 à 20 microns, voire 5 à 10 microns pour les moteurs turbocompressés. On est loin des premiers filtres dotés d'une mince toile métallique qui filtraient à 80 microns pour passer ensuite à 50 puis à 30 ! Comme le volume du filtre doit être minimal, les fabricants ont dû trouver des astuces pour augmenter la surface de filtrage. C'est ainsi que le papier est soigneusement plié en accordéon sur plusieurs couches. La présence du filtre à huile sur le circuit de graissage d'un moteur, en dehors de sa fonction de filtration, amène de sérieux inconvénients. Il ralentit le débit et diminue la pression d'huile. Ce phénomène s'accentue au fur et à mesure de son encrassement. Quand le papier est complètement colmaté, un clapet de sécurité à l'intérieur de la cartouche, taré de 0,5 à 1 bar, permet de court-circuiter l'élément filtrant et permet le passage de l'huile. Celle-ci est donc à ce moment-là envoyée, chargée d'impuretés, vers les paliers et autres points de graissage. On comprend aisément le risque pris par les indélicats qui omettraient de changer le filtre régulièrement.

En fonctionnement normal, le circuit de l'huile à l'intérieur de la car-

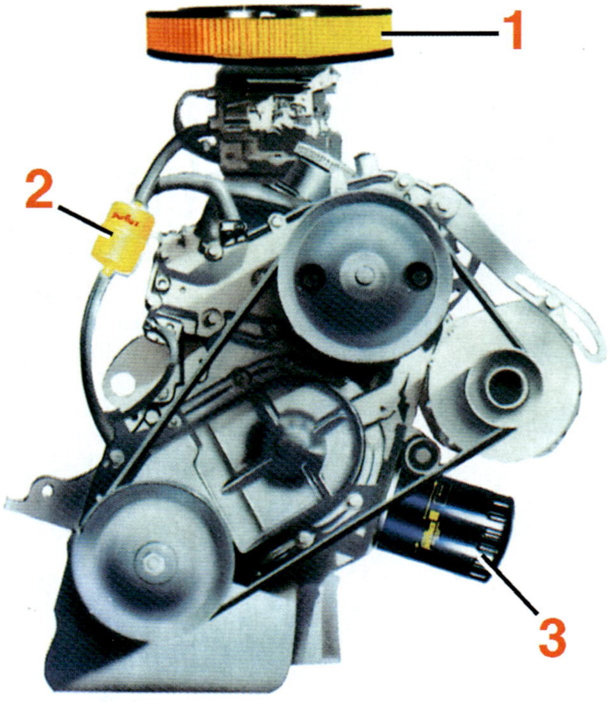

Le fonctionnement d'un moteur nécessite trois filtres : le filtre à air (1), le filtre à essence (2) et le filtre à huile (3).

touche est le suivant : l'huile en provenance de la pompe pénètre dans le filtre par les trous périphériques, remplit l'extérieur de la cuve, traverse le papier filtrant pour ressortir directement par l'orifice central en direction des organes à lubrifier.

Quand doit-on changer le filtre à huile ?

Le filtre à huile se visse sur une canalisation, juste à la sortie de la pompe à huile et les constructeurs automobiles préconisent de remplacer cet élément filtrant tous les 10 000 km ou à chaque vidange. Ceux qui négligent cette recommandation ne se rendent pas compte que pendant ces 10 000 km, à raison de 50 km/h de moyenne et avec une pompe à huile qui débite en moyenne 18 l/min, c'est environ 200 m³ d'huile qui doivent traverser le filtre.

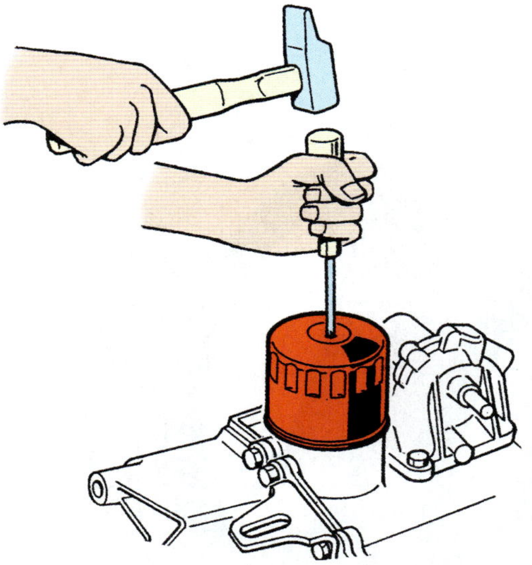

Il est parfois utile de percer le filtre pour faciliter le dévissage.

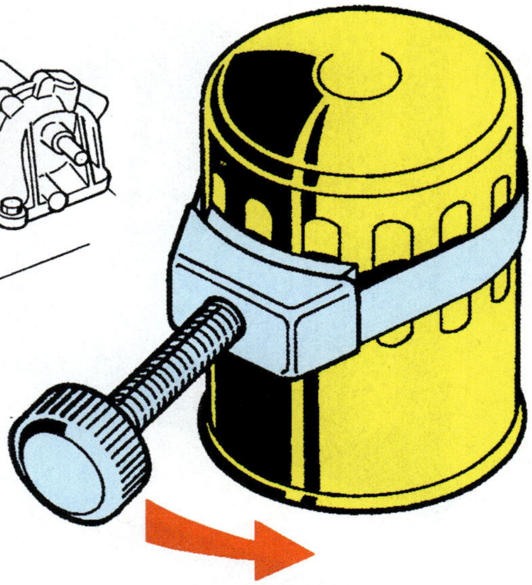

Une clé à filtre est nécessaire pour dévisser le filtre à changer.

Conseils pour le changement d'un filtre à huile

1. Déposez le filtre à huile avec une clé à filtre. Il arrive parfois que le filtre soit très difficile à dévisser. Ce défaut provient d'un serrage excessif au montage. Dans ce cas, une clé à chaîne aura raison de lui. Sur certains véhicules, il est conseillé de percer la cartouche pour pouvoir dévisser plus facilement.
2. Préparez des chiffons à glisser sous le filtre pour éponger le filet d'huile qui va s'échapper lors de la dépose.
3. Huilez bien le joint d'embase du nouveau filtre.
4. Vissez à la main la cartouche jusqu'au contact avec le moteur.
5. Tournez d'un demi-tour ou de trois quarts de tour ; le filtre à huile est en place, prêt à fonctionner.

Comme il a été précisé précédemment, le nouveau filtre étant vide, il faut compter un demi-litre supplémentaire de lubrifiant pour le remplir.

Ne jetez pas le filtre dans une poubelle, sachez qu'il est rempli d'huile. Laissez-le s'égoutter et récupérez l'huile avant de l'expédier à la décharge. À noter qu'il est commercialisé des appareils qui découpent tels des ouvre-boîtes pour récupérer tout ce qui compose un filtre : l'huile, mais aussi la ferraille, le papier et le joint.

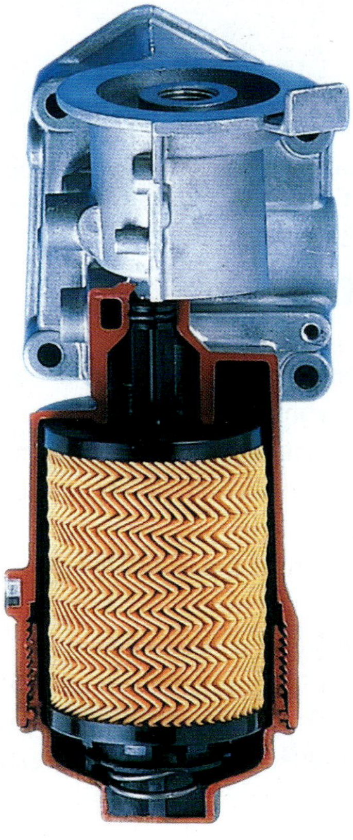

Dans un souci de respect de l'environnement, les fabricants ont conçu des systèmes où seule la cartouche du filtre à huile est à changer.

Suivant les véhicules et l'emplacement disponible sous le capot, il existe différentes sortes de filtres à air. Les plus répandus sont les filtres à sec avec des formes diverses, arrondies ou en panneau.

Le filtre à air

Sa fonction est de retenir les poussières contenues dans l'air, sans en diminuer le débit. Il permet également d'atténuer les bruits d'aspiration du moteur.
Il existe trois types de filtres :

Le filtre à air sec

C'est le plus répandu. Il est composé d'un papier gaufré, régulièrement plié, maintenu à une ou aux deux extrémités par un surmoulage en polyuréthane. La taille de l'élément filtrant est fonction de la quantité de particules susceptibles d'être aspirées. Sa forme peut être arrondie ou en panneau. Chaque véhicule possède donc un modèle particulier.

Le filtre à air humide

Son élément filtrant en mousse synthétique est imbibé d'huile. Il a la particularité d'être réutilisable après un bon nettoyage.

Le filtre à air à bain d'huile

La poussière est aspirée à travers une chicane et se dépose en partie dans la petite réserve d'huile prévue à cet effet. Les particules plus fines sont arrêtées par un élément filtrant composé en général d'un tissu métallique. Dès que le filtre est encrassé, après 200 à 300 h de fonctionnement environ, la quantité d'air entrant dans le cylindre est réduite. Le mélange air-essence n'est plus correct. Le moteur perd de la puissance et consomme davantage.

Quand doit-on changer le filtre à air ?

Il est conseillé de le remplacer tous les 20 000 km.
Pour les véhicules récents et selon les modèles, entre 30 000 et 60 000 km suivant les moteurs.

Le filtre à essence

Son rôle est de retenir les fines particules contenues dans l'essence. Le moteur consomme ainsi un carburant épuré permettant un fonctionnement correct du carburateur ou du système d'injection. Pour les véhicules récents, le filtre à essence se

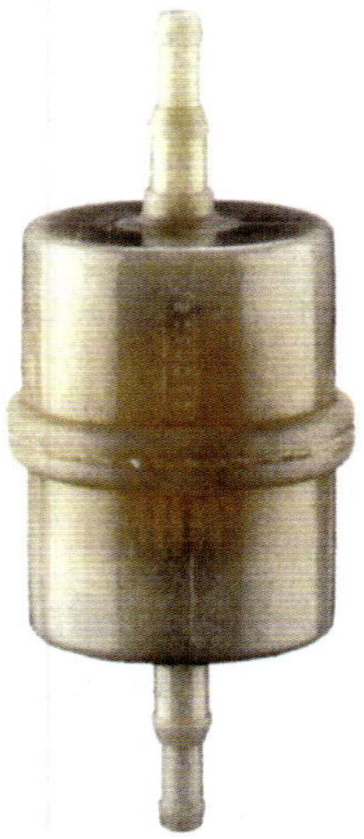

Filtre à essence standard.

situe juste après la pompe à essence sous l'aile arrière droite.

Deux types de filtres sont commercialisés :

- les filtres avec un corps en plastique (polyamide), utilisés pour les faibles pressions.
- les filtres à corps en aluminium montés sur tous les systèmes à injection.

Filtre à essence métallique pour moteur à injection.

Sur les nouveaux moteurs à injection, le filtre à essence ne se change plus seul. Si un défaut de pression d'essence est détecté, on change l'ensemble complet : filtre, pompe électrique et amortisseur de pulsations.

Quand doit-on changer le filtre à essence ?

La périodicité de remplacement est en général tous les 20 000 km ou au moins une fois par an.

Pour les véhicules récents comme la Mégane ou la Clio II, on change le filtre tous les 240 000 km !

Le filtre à gazole

Le système d'injection Diesel est composé de nombreuses pièces usinées avec une très grande précision. Il est donc indispensable d'avoir une filtration très poussée pour obtenir un carburant dépourvu de toute particule. Sur certains moteurs, il existe plusieurs éléments filtrants en série. Le préfiltre arrête les impuretés comprises entre 0,01 et 0,04 mm provenant du réservoir et des canalisations. Le filtre retient les impuretés supérieures à 2 ou 3 microns.

Existe-t-il différentes sortes de filtres à gazole ?

En effet, il existe des filtres avec et sans réchauffeur de carburant. Le gazole ayant la particularité de se figer en hiver, certains filtres sont munis de chauffage, soit électrique, soit produit par le passage d'un circuit d'eau chaude dérivé du circuit de refroidissement.

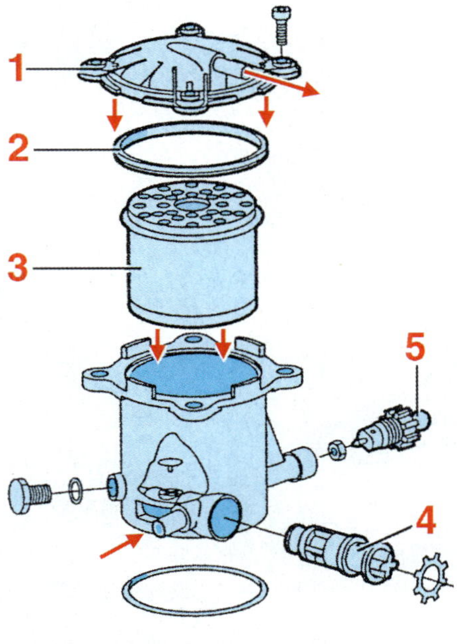

FILTRE À GAZOLE AVEC ÉLÉMENT THERMOSTATIQUE :
***1.** couvercle, **2.** joint, **3.** élément filtrant, **4.** élément thermostatique, **5.** vis de vidange d'eau.*

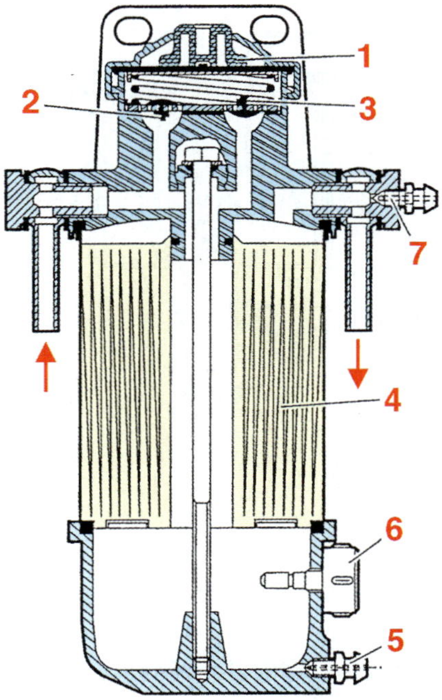

FILTRE À GAZOLE CLASSIQUE AVEC DÉTECTEUR DE PRÉSENCE D'EAU ET POMPE D'AMORÇAGE À MAIN :
***1.** pompe à main d'amorçage, **2.** clapet d'aspiration, **3.** clapet de refoulement, **4.** élément filtrant, **5.** vis de vidange d'eau, **6.** détecteur de présence d'eau, **7.** vis de purge de gazole.*

Il existe également des systèmes d'alimentation en gazole où il est nécessaire d'amorcer le circuit. Dans ce cas, une petite pompe d'amorçage est placée sur le haut du filtre.

Les filtres à gazole des moteurs actuels HDI ont quatre rôles à assurer :

- la filtration du carburant (5 microns) ;
- la décantation de l'eau ;
- le contrôle du réchauffage du carburant ;
- le contrôle de la pression du circuit du carburant.

Quel entretien doit-on faire sur les filtres à gazole ?

- Tous les 7 500 km (ou plus fréquemment si la quantité d'eau est importante), il est nécessaire de purger l'eau du filtre.

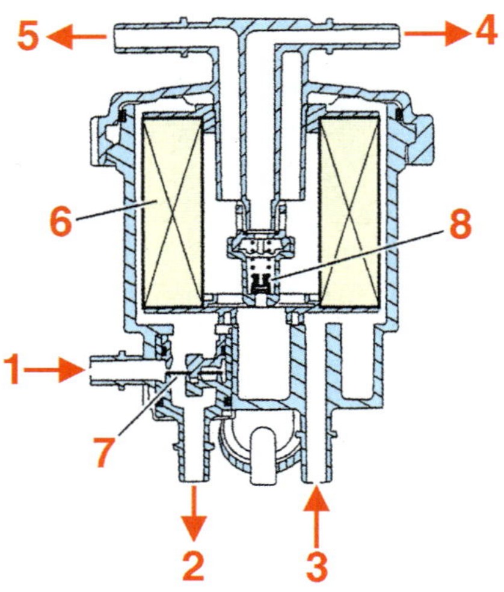

FILTRE À GAZOLE POUR MOTEUR HDI : *1. entrée du carburant, 2. sortie du carburant vers le réchauffeur, 3. entrée du carburant réchauffé, 4. retour vers le réservoir, 5. sortie vers la pompe haute pression de carburant, 6. élément filtrant, 7. clapet thermostatique, 8. clapet de contrôle de la pression.*

- Tous les 15 000 km, il faut remplacer l'élément filtrant.
- Pour les véhicules récents, on doit changer le filtre tous les 60 000 km avec une périodicité de purge du filtre tous les 20 000 km.

Comment remplacer un filtre à gazole ?

Suivant les modèles, avant le remplacement, il faut vidanger le filtre en desserrant les vis de purge.

1 Dévissez la vis de fixation de la cuve.

2 Sortez la cuve et son élément filtrant.

3 Mettez en place la nouvelle cartouche en utilisant les joints neufs.

4 Resserrez la vis modérément (0,7 à 0,9 daN.m).

5 Purgez si nécessaire.

Le filtre d'habitacle

Le filtre d'habitacle sert à empêcher les particules polluantes contenues dans l'air extérieur (bactéries, pollen, poussières, suies des gaz d'échappement, etc.) de pénétrer à l'intérieur du véhicule par les entrées d'air. Lorsque ce filtre est encrassé, l'aération et le désembuage ne sont plus efficaces. On doit les changer tous les 30 000 km.

Le filtre à air pour l'habitacle n'est pas toujours très accessible.

LES BOUGIES

La bougie est peut-être l'élément du moteur à explosion le plus connu de l'utilisateur. Il est vrai qu'on la retrouve partout. Que ce soit sur une tondeuse à gazon, sur un vieux Solex ou un vélomoteur, ou sur tous les véhicules à moteur à essence, même les plus perfectionnés, il existe toujours une ou plusieurs bougie(s). Ce petit élément à la silhouette si mince, à la couleur si blanche sous son capuchon, résultat d'un assemblage étonnant de métal et de porcelaine, joue un des rôles les plus importants.

À quoi sert-elle, comment fait-elle et de quoi est-elle constituée ?

À quoi sert la bougie ?

La bougie est chargée de produire une étincelle qui va provoquer l'inflammation instantanée du mélange air-carburant à l'intérieur du moteur. L'explosion qui en résulte va mettre en mouvement tous les éléments mobiles : piston, bielle, vilebrequin et, en fin de chaîne mécanique, les roues motrices.

Comment fait-elle ?

En faisant passer pendant un court instant une haute tension, issue de la bobine d'allumage dans la bougie, on provoque une étincelle entre les deux électrodes. Cette étincelle libère suffisamment d'énergie pour enflammer le mélange, mais entraîne à chaque fois des particules de matériau des électrodes. C'est pour cette raison qu'elles s'usent.

Tout ce déroulement serait simple dans un environnement parfait. Hélas, la bougie doit fonctionner dans des conditions épouvantables car elle est soumise à des contraintes très sévères qui diminuent encore plus sa durée de vie.

Contraintes de température et de pression

L'électrode de masse de la bougie peut être à une température très basse au départ et par temps froid, puisqu'elle est directement liée à la culasse. L'autre électrode se trouve, quant à elle, dès les premiers tours de moteur, à plus de 100 degrés et à une pression de 0,9 bar en fin de cycle d'aspiration. Mais en quelques secondes, après l'explosion, ce sont 3 000 °C et 50 bars que doivent supporter les deux électrodes !

Contraintes électriques

La haute tension qui apparaît entre les deux extrémités de la bougie avoisine les 30 000 ou 40 000 V. On a recours à une tension aussi importante pour permettre le passage du courant, qui est fonction de la densité du mélange traversé. Or, avec les mélanges appauvris des moteurs actuels pour favoriser les économies de carburant, la difficulté de passage du courant est beaucoup plus grande.

De plus, cette tension doit apparaître plusieurs dizaines de fois par seconde suivant le régime moteur. La bougie doit donc supporter cette cadence. Si cette tension trouve vers la masse un chemin moins résistant que le passage entre les deux électrodes, il ne se produit pas d'étincelle. La bougie doit donc être étanche à toute fuite électrique.

Contraintes chimiques

Afin d'augmenter les performances des moteurs actuels, on a recours à l'emploi d'additifs antidétonants et lubrifiants dans le carburant. Cependant, les résidus de ces produits,

Temps	Compression	Combustion	Echappement	Admission
Température des gaz	300...600°C	2000...3000°C	1300...1600°C	...120°C
Pression des gaz	8...15 bar	30...50 bar	1...5 bar	0,9 bar

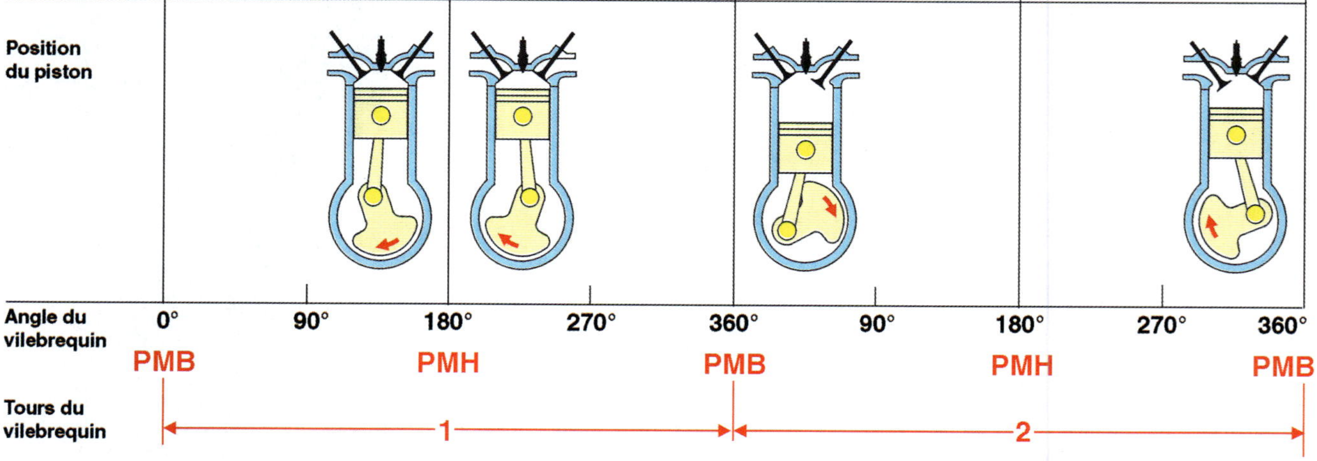

Les bougies doivent résister à des contraintes très importantes de température et de pression dans les moteurs à essence.

après combustion, vont se déposer sur la bougie et créer des difficultés de fonctionnement. En effet, ils sont tous là, les oxydes, sulfates, chlorures et phosphures de plomb, de calcium, de zinc ou de baryum, à vouloir s'agglutiner sur les deux électrodes et diminuer leur efficacité.
À peine croyable et pourtant : un moteur de quatre cylindres tournant à 5 000 tr/min, ce qui est courant, devra produire 10 000 étincelles par minute soit 40 étincelles par seconde ! Si le véhicule sur lequel il est monté doit rouler sur une distance de 500 km, c'est à peu près 2 millions d'étincelles qui devront apparaître pendant le trajet.

Qu'est-ce qui caractérise une bougie ?

Le degré thermique

C'est la capacité que la bougie a de transférer la chaleur du pied de l'isolateur (ou bec) au système de refroidissement du moteur. Ainsi il existe des bougies "chaudes" et des bougies "froides" qui se différencient par la longueur du bec de l'isolateur. Celui des bougies "chaudes" est plus long pour freiner le départ des calories et transmettre moins rapidement la chaleur. On distingue donc une bougie "chaude" d'une bougie "froide" par la longueur du filetage de son culot. Théoriquement, les bougies "froides" sont montées sur des moteurs de forte puissance spécifique possédant une température de chambre d'explosion élevée. Dans la pratique, en fonction de ses caractéristiques et de ses réglages, chaque moteur admet un certain type de bougies déterminé par les constructeurs et l'utilisateur n'a aucun intérêt à s'en écarter.

La forme des électrodes

C'est un facteur qui ressort des études et du savoir-faire de chaque constructeur et équipementier, et qui influe particulièrement sur l'usure de la bougie. Pour faciliter le jaillissement de l'étincelle sur les moteurs modernes, les deux électrodes sont beaucoup plus saillantes, c'est-à-dire ressorties du culot, que pour les anciens moteurs. L'électrode de masse peut recouvrir totalement ou partiellement l'électrode centrale. Enfin, certaines bougies possèdent plusieurs électrodes de masse réparties autour de l'électrode centrale pour diminuer l'usure. En augmentant le nombre d'électrodes, on diminue le nombre d'étincelles de chaque électrode et par là même l'usure. La plupart du temps, on utilise trois ou quatre électrodes.

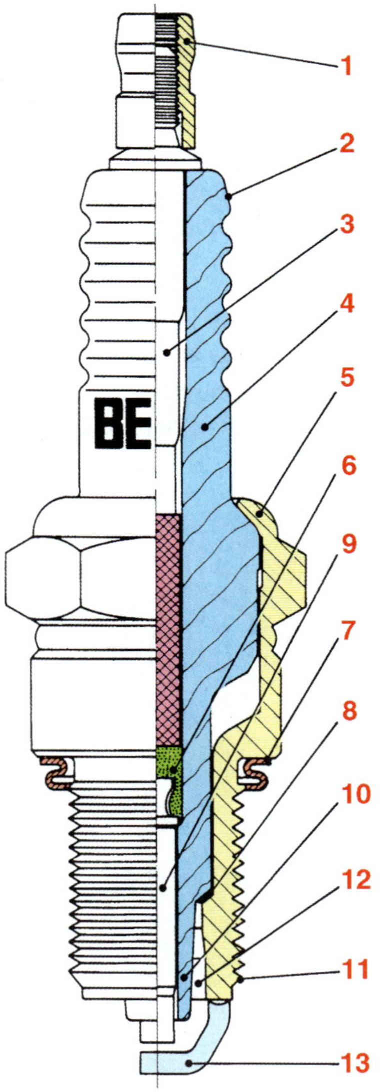

CONSTITUTION D'UNE BOUGIE :
1. écrou de connexion, 2. protection contre les courants de fuite, 3. tige de connexion, 4. isolant en oxyde d'aluminium, 5. culot, 6. ciment conducteur, 7. joint d'étanchéité serti, 8. joint intérieur, 9. électrode centrale, 10. pied de l'isolant, 11. cône du filetage pour améliorer l'introduction, 12. chambre thermique, 13. électrode de masse.

La distance entre les électrodes

C'est elle qui va déterminer la production et la qualité de l'étincelle dans toutes les phases de fonctionnement du moteur, que ce soit au démarrage, en accélération, au ralenti ou à pleine puissance. Un écartement des électrodes trop faible peut entraîner des ratés d'allumage, un ralenti irrégulier et des gaz d'échappement très polluants. Par contre, un écartement trop important provoque une tension d'allumage plus élevée et des ratés à hauts régimes.

Quelle bougie pour quel véhicule ?

Chaque constructeur préconise, pour chaque modèle, une référence de bougie bien précise. Il est impératif de respecter ces recommandations.
Il faut veiller particulièrement à :

- respecter l'écartement des électrodes préconisé par les constructeurs ;
- ne pas trop serrer les bougies dans leurs filetages.

Cinq marques se disputent le marché.

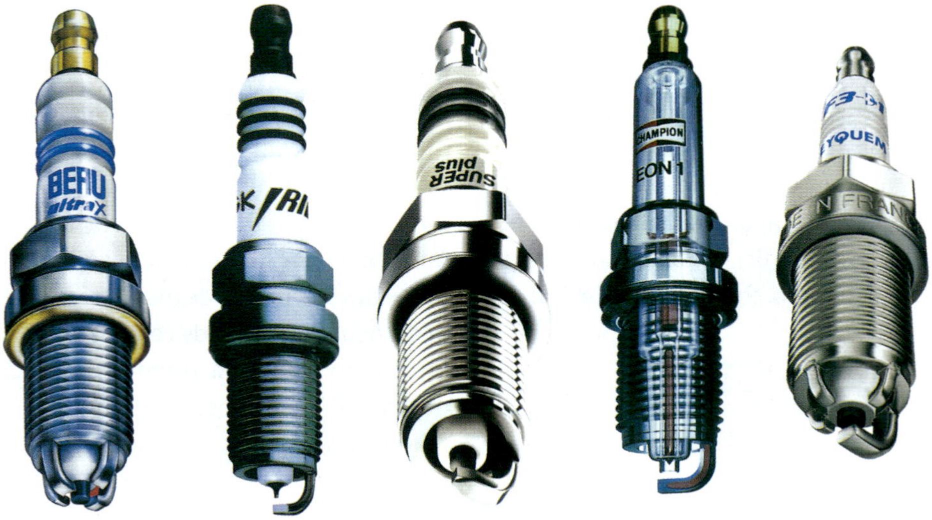

Bougies BERU. *Bougies NGK.* *Bougies BOSCH.* *Bougies CHAMPION.* *Bougies EYQUEM.*

Conseils pour le desserrage des bougies

- Enlevez les fils de bougie en tirant sur les capuchons et non sur les fils de bougie eux-mêmes.
- Desserrez de quelques tours la bougie.
- Nettoyez les salissures qui pourraient tomber dans le cylindre, une fois la bougie ôtée de son trou.
- Si la bougie est grippée, versez du dégrippant et essayez de faire pénétrer le produit en serrant ou desserrant doucement la bougie.
- Tenez bien la clé à bougie dans l'axe afin d'éviter de casser la porcelaine.

Conseils pour la mise en place des bougies

- La surface des bougies et de la culasse à mettre en contact doit être parfaitement propre. Il est nécessaire de nettoyer toute trace de salissure graisseuse ou poussiéreuse qui pourrait se glisser dans le logement de la bougie.
- Commencez à visser la bougie au maximum à la main pour faire "prendre" correctement les filets dans ceux de la culasse, avant de vous servir d'une clé. Vous éviterez ainsi tout danger de détériorer les filets par un serrage de la bougie en position incorrecte.
- Il est inutile d'enduire de graisse le culot des bougies.
- Il faut tenir la clé bien dans l'axe pour éviter de casser la porcelaine de la bougie.
- Si vous serrez avec une clé dynamométrique, réglez la valeur du couple suivant les valeurs données par le constructeur.
- Si vous serrez avec une clé à bougie ordinaire, après le blocage complet à la main :
  - pour une bougie neuve, tournez d'un quart de tour ;
  - pour une bougie déjà utilisée, tourner de 30° environ.

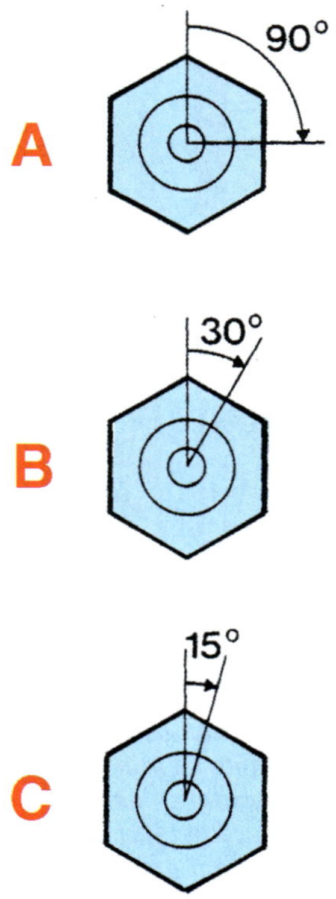

Serrage des bougies : A. bougie neuve, B. bougie usagée, C. bougie à siège conique.

Conseils pour l'entretien des bougies

L'entretien des bougies se limite au contrôle de l'écartement des électrodes et au nettoyage de l'intérieur du culot. Ce contrôle doit être effectué tous les 5 à 10 000 km à l'aide d'un jeu de cales. Si l'écartement n'est pas correct (la distance entre les électrodes augmente avec l'usure), il suffit de tapoter sur l'électrode de masse pour rectifier la valeur. Un nettoyage de l'intérieur du culot peut être fait régulièrement pour éliminer les dépôts de calamine, par l'utilisation d'une brosse métallique ou d'un petit couteau.

Le vieillissement de la bougie est de toute façon inéluctable et son remplacement doit être prévu tous les 15 000 à 30 000 km. Les plus élaborées sont maintenant capables de résister plus de 100 000 km.

Contrôle visuel et diagnostic sur l'état des bougies

L'état des bougies peut donner des indications très précises sur un éventuel dysfonctionnement de la combustion du moteur.

Bougie normale

Le pied de l'isolant est de couleur comprise entre le blanc grisâtre ou jaunâtre et le roux-marron clair.
Il n'existe aucune trace de résidu.
L'usure des électrodes est faible. Le choix du type de bougie s'est fait selon les préconisations du constructeur, le degré thermique est correct.
Les démarrages sont faciles, le ralenti est régulier.
Le réglage du dosage et la combustion sont corrects. Le moteur est en bon état.

Bougie encrassée

L'ensemble, pied d'isolant, électrodes et corps de la bougie, sont recouverts d'une suie noirâtre satinée.

Causes probables :

- Le mélange est trop riche en essence suite à un mauvais dosage (exemple : le capteur de température d'eau est défectueux) ;
- le filtre à air est encrassé ;
- le véhicule effectue constamment des petits trajets urbains, moteur froid ;
- le coefficient thermique de la bougie est trop faible.

Conséquences :

- Les démarrages sont difficiles ;
- il se produit des ratés d'allumage ;
- le moteur ne fonctionne pas dans des conditions correctes, il est nécessaire de rechercher la cause et l'élément défectueux.

Bougie grasse

Le pied de l'isolant, les électrodes et le corps de la bougie sont recouverts d'un léger film d'huile noirâtre.

Cause probable :
Présence surabondante d'huile dans la chambre de combustion due, soit à un niveau d'huile trop haut, soit à une usure anormale des segments, des chemises ou des guides de soupapes.

Conséquences :

- Les démarrages sont difficiles ;
- des ratés d'allumage se produisent ;
- des fumées bleues apparaissent à l'échappement.

Bougie vernissée ou vitrifiée

Le pied de l'isolant est recouvert par endroits de traces jaunâtres ou brunâtres comme s'il était recouvert de vernis.

Causes probables :
Pour les moteurs non dépollués, ce sont les additifs à base de plomb contenus dans l'essence qui se décomposent à moyen et haut régimes.
Pour les autres moteurs, ce phénomène est dû également aux additifs.
C'est sans gravité.

Bougie encalaminée

Le pied de l'isolant et l'électrode de masse sont recouverts d'un dépôt de calamine.

Cause probable :
Les additifs contenus dans l'huile moteur forment cette calamine qui se dépose dans la chambre de combustion.

Conséquence :
Apparition d'allumages prématurés risquant d'endommager le moteur.

Fusion des électrodes ou électrodes fortement usées

Las additifs contenus dans le carburant ou dans l'huile peuvent être responsables de ce défaut.

Conséquences :

- Apparition de cliquetis ;
- ratés d'allumage ;
- mauvais démarrage.

À qui servent les bougies sur les moteurs Diesel ?

Contrairement aux moteurs à essence, le rôle des bougies sur les moteurs Diesel n'est pas de provoquer une étincelle pour enflammer le mélange, on les appelle d'ailleurs bougies de préchauffage. Elles servent à apporter une énergie calorifique suffisante dans la chambre de combustion du moteur pour favoriser l'explosion et la combustion du gazole, au démarrage. C'est un produit de très grande endurance qui doit être changé tous les 60 000 km ou tous les deux ans. Quand un moteur Diesel a du mal à démarrer, c'est en général à cause d'une ou de plusieurs bougies de préchauffage qui sont défectueuses. Leur résistance interne est coupée et elles ne peuvent plus apporter l'énergie nécessaire au démarrage.

Pour savoir si une bougie est défectueuse, il suffit de vérifier la valeur de sa résistance avec un ohmmètre. Si la valeur relevée est infinie, il faut changer la bougie de préchauffage. Attention, cette manipulation n'est pas très aisée car les bougies ne sont pas très accessibles !

Dans les moteurs Diesels, les bougies servent au préchauffage du carburant pulvérisé dans la préchambre de combustion.

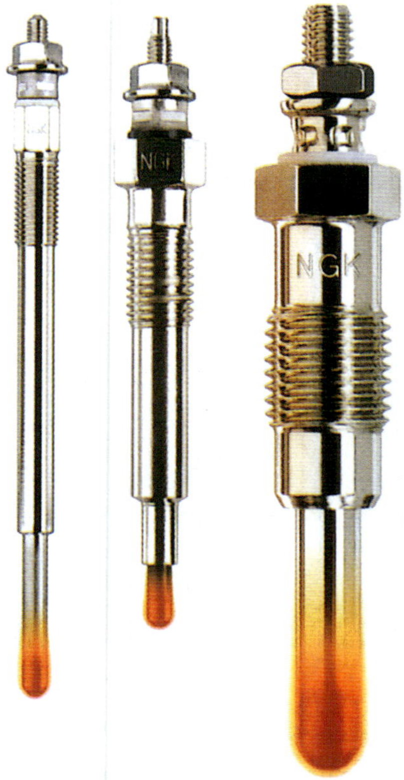

Il existe plusieurs formes de bougies de préchauffage Diesel.

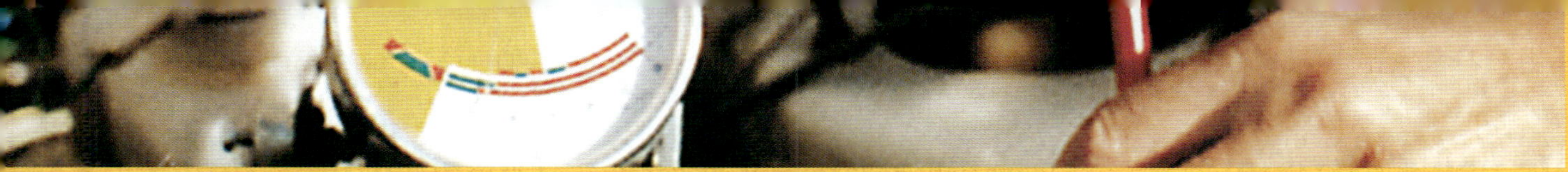

LA BATTERIE

Depuis la disparition de la vieille manivelle qui servait autrefois à démarrer les moteurs, la batterie est devenue un organe indispensable dans la conduite quotidienne de notre voiture. C'est elle qui fournit au démarreur l'énergie électrique nécessaire à son entraînement. C'est grâce à elle si, la nuit, on peut laisser les feux de position ou les veilleuses allumés (pas trop longtemps). C'est aussi grâce à elle si l'horloge du tableau de bord ne s'arrête pas, si le matin, on peut déverrouiller les portes avec la commande à distance, si l'alarme fonctionne même quand tout est fermé, si tous les appareils électroniques gardent leur mémoire, etc. La liste serait longue de tous ces petits riens qui nous apportent du confort et de l'agrément grâce à l'énergie accumulée dans cette petite boîte magique.

Un peu d'histoire...

La découverte du principe de la batterie remonte aux alentours des années 1800 par un certain M. Volta qui entrera dans la légende et donnera son nom à la célèbre pile. En 1859, c'est un Français, Gaston Plante, qui réalisa le premier élément rechargeable, mais pendant vingt ans, sa découverte resta une curiosité de laboratoire à cause des difficultés de construction et de fabrication. Il fallut attendre 1881 pour qu'un autre Français, C. Faure, à l'issue de ses recherches, dépose un brevet pour un procédé de tartinage des plaques d'accumulateurs avec un composé de plomb. C'est cette invention, et toutes les améliorations qui suivirent, qui permirent véritablement le lancement et le développement de l'industrie de l'accumulateur au plomb. Les premières batteries construites jusqu'en 1900 ont servi essentiellement à compléter les installations des centrales électriques et à assurer la continuité du service en cas d'arrêt des machines. En 1919, c'est en France que le premier démarrage électrique du véhicule à moteur à combustion faisait son apparition.

On connaît depuis les améliorations qui ont été apportées, aussi bien dans les procédés que dans les matériaux utilisés. Avec l'apparition des voitures électriques, une nouvelle vie pour les batteries commence et d'énormes progrès sont à réaliser sur les performances, l'encombrement, la recharge et le recyclage afin de répondre aux besoins de notre époque.

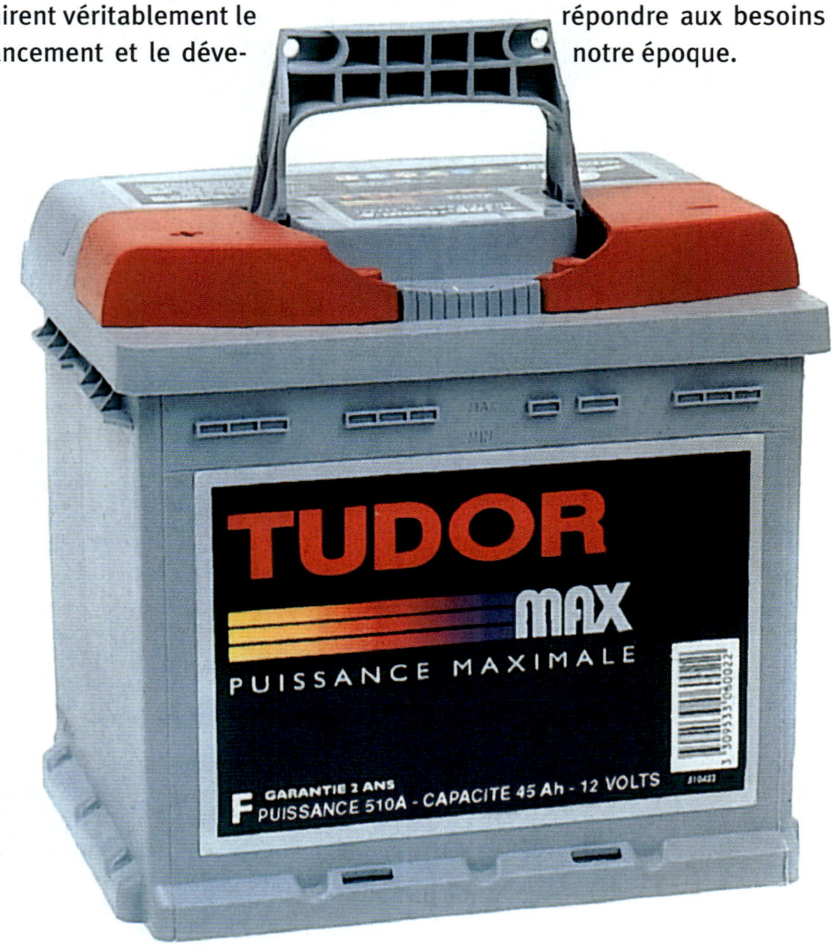

Les caractéristiques de la batterie sont indiquées sur la batterie : tension nominale, capacité, intensité au démarrage.

Comment fonctionne la batterie ?

Le principe de fonctionnement d'une batterie repose sur la réaction chimique qui a lieu entre deux électrodes, l'une positive et l'autre négative, plongées dans un liquide appelé électrolyte. Dans le cas des batteries d'automobile appelées batteries de démarrage, l'électrode positive est constituée de bioxyde de plomb (PbO_2), l'autre électrode négative, de plomb (Pb), et l'électrolyte est un mélange d'acide sulfurique (H_2SO_4) et d'eau (H_2O).

Lorsque l'on branche la batterie au câblage électrique de la voiture avec des cosses prévues à cet effet, il se produit à l'intérieur de la batterie un déplacement d'électrons de la borne + vers la borne – par l'intermédiaire de l'électrolyte. Cette migration crée à l'extérieur un courant issu de l'électrode positive, qui va traverser toutes les résistances branchées du véhicule pour revenir à l'électrode négative. La réaction chimique à l'intérieur de la batterie va avoir pour effet de réduire l'électrode positive et de diminuer la concentration d'acide sulfurique. Ce phénomène permet, par la mesure de la densité de l'électrolyte, de connaître l'état de charge de la batterie.

Il est bon de préciser que la batterie ne fournit pas tout le temps du courant sans quoi elle se déchargerait rapidement. En effet, dès que le moteur tourne, c'est un appareil, appelé alternateur et entraîné par courroie, qui prend la relève et produit du courant. Pendant cette phase, la réaction chimique interne à la batterie s'inverse, la concentration de l'électrolyte en acide sulfurique augmente. On dit que la batterie se charge.

Savez-vous "lire" une batterie ?

Les caractéristiques principales d'une batterie sont indiquées clairement sur l'étiquette. Elles sont au nombre de trois.

La tension nominale

Elle est de 12 V pour les voitures de tourisme, sauf exception. Il ne reste plus que les voitures de collection à être équipées de batteries de 6 V. Les véhicules industriels et certaines voitures de l'armée fonctionnent en 24 V. Cette tension est fonction du nombre d'éléments qui composent la batterie. Comme chaque élément a une tension de 2,2 V environ, une batterie de 12 V est donc une association de six éléments montés en série, c'est pour cela qu'elle possède six bouchons de remplissage sur le dessus. Cette tension peut être mesurée par un voltmètre branché aux bornes de la batterie.

ATTENTION : une batterie débranchée aura systématiquement une tension supérieure à sa valeur en phase de fonctionnement. Ce phénomène est dû à la mise en compte de la résistance interne de la batterie.
En réalité, mesurer la tension aux bornes d'une batterie ne donne pratiquement aucune indication sur son état de charge.

La capacité de la batterie

C'est la quantité d'électricité que peut restituer la batterie correctement chargée dans des conditions normales (20 °C), pendant un temps déterminé. Cette durée est en général de vingt heures. La capacité s'exprime donc en Ampère-heure.
Exemples : Une batterie de 40 Ah est capable de fournir un courant de 2 A pendant vingt heures. Une batterie de 100 Ah, 5 A en vingt heures.

La puissance de démarrage

C'est l'intensité que peut fournir une batterie de 12 V correctement chargée à une température de –18 °C pendant 30 s, sans que la tension tombe en dessous de 1,4 V par élément (normes françaises).
Exemples : Une batterie de 12 V et 160 A fournira 160 A pendant 30 s, avec une tension minimale de 8,4 V.
La notion de puissance de démarrage est la caractéristique électrique la plus importante qui permet de juger l'aptitude de la batterie au démarrage.

Les différents types de batteries

Il existe désormais deux types de batteries : les batteries à faible entretien et les batteries sans entretien. Cette dernière catégorie tend à se généraliser.

Les batteries à faible entretien

Ce sont des batteries dont la faible proportion d'antimoine a permis de diminuer le phénomène d'autodécharge et les dégagements gazeux qui entraînaient une forte consommation d'eau. Leur réservoir d'eau est plus important que celui des batteries traditionnelles. Semblables extérieurement, leurs caractéristiques ont été améliorées, en particulier leur durée de conservation. Utilisées normalement, elles ne nécessitent quasiment aucun entretien.

Les batteries sans entretien

Elles ne possèdent pas de bouchon sur le dessus. La suppression de l'antimoine dans les plaques évite les consommations d'eau. Elles sont toujours propres, pas de complément de niveau. Elles suppriment les risques d'accident avec l'acide lors de leur manipulation. Par contre, il est impossible de contrôler le bouillonnement des éléments lorsqu'ils sont bien chargés, ni contrôler leur état avec un pèse-acide. Leur prix est identique à celui des batteries à faible entretien.

Une batterie n'est pas éternelle !

Une batterie s'use quand elle n'est pas utilisée

C'est dans le cas d'un stockage ou d'une immobilisation prolongée d'un véhicule.
Une batterie en bon état, correctement chargée et stockée à une température de 20 °C perd 40 % de sa charge en :

- six mois pour une batterie faible entretien ;
- neuf mois pour une batterie sans entretien.

En effet :

- Les éléments actifs de la batterie plongés dans leur électrolyte réagissent avant même leur mise en service et donc s'usent.
- Non utilisée, la batterie s'autodécharge. Ses qualités électriques diminuent lentement.
- En règle générale, une batterie stockée pendant un an ne peut plus être utilisée si elle n'a pas été rechargée régulièrement. Ce phénomène est commun à toutes les batteries. Une batterie sans entretien doit obligatoirement être rechargée après neuf mois de stockage.

Une batterie s'use quand elle est utilisée

Une batterie se décharge au démarrage ou par l'utilisation des feux et se recharge régulièrement. La succession des cycles décharge-charge fatigue les éléments. Il est donc normal que la batterie s'use. L'usure est encore plus rapide lorsque le circuit de charge est défaillant. Si l'alternateur ne fournit pas suffisamment d'électricité, la batterie est sous-chargée, ou inversement : si le régulateur de l'alternateur est déréglé, la batterie est surchargée. Elle va chauffer avec comme conséquence une dégradation rapide des éléments.

Une batterie est sensible au chaud et au froid

Lorsqu'il fait chaud, l'eau contenue dans l'électrolyte s'évapore. S'il y a moins d'eau, la concentration en acide est plus élevée. Mais trop d'acide attaque les plaques et les éléments actifs se détériorent. Il faut "refaire les niveaux" et rajouter de l'eau déminéralisée pour diminuer la teneur en acide et éviter ainsi une détérioration trop profonde de la batterie.
De plus, un élément actif ne peut réagir que s'il est en contact avec l'électrolyte. Comme il manque de l'eau, le niveau est trop bas. Une batterie dont le niveau est insuffisant fournit moins d'énergie et s'use prématurément.
Lorsqu'il fait froid, les qualités de conductibilité de l'électrolyte sont modifiées. Le courant "passe moins bien". Les éléments actifs ont du mal à réagir. Le moteur est difficile à entraîner, l'huile se fige et les métaux se contractent. Au moment même où, par basse température, un démarrage demande plus d'énergie, la batterie peine, accuse des décharges profondes qui l'usent aussi prématurément. Si la batterie est usée, elle ne pourra jamais fournir l'énergie nécessaire.

Plus une batterie est déchargée, plus elle risque de geler

Cependant une batterie gelée n'est pas pour cela endommagée. Elle ne débite que peu de courant. L'életrolyte se présente sous une forme gélatineuse. Après le dégel, la batterie peut fonctionner normalement. Il ne faut surtout pas charger une batterie gelée qui risquerait d'exploser.

Conseils pour l'entretien

Contrôlez au moins une fois par an la fixation et l'état de votre batterie. Il serait même conseillé de le faire avant l'hiver et avant l'été.
Si le bac ou le couvercle possèdent des fêlures ou cassures : changez la batterie.
Si les bornes sont sulfatées : versez de l'eau dessus, les sels qui se sont formés vont se dissoudre en brossant un peu. Dévissez alors les cosses et nettoyez-les avec une brosse métallique. Enduisez de graisse conductrice les cosses, avant de les remonter, afin de les protéger de la présence d'air, donc de l'oxydation.
Pour les batteries qui possèdent des bouchons (batterie à faible entretien), vérifiez le niveau d'électrolyte dans tous les éléments, il doit dépasser de 10 à 12 mm le dessus des plaques. Si ce n'est pas le cas, complétez uniquement avec de l'eau distillée.

La batterie est-elle bien chargée ?

Contrôle de la charge d'une batterie

Il existe trois manières de tester une

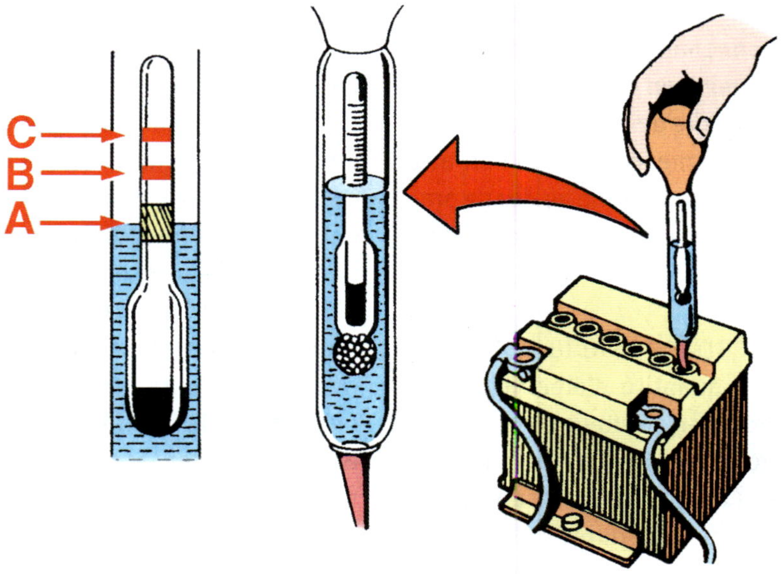

La lecture avec le pèse-acide donne l'état de charge de la batterie mais ne peut plus se faire sur les batteries sans entretien car elles ne possèdent plus de bouchons.

batterie avec trois outils différents :

- un pèse-acide (uniquement pour les batteries avec bouchons) ;
- un voltmètre ;
- un testeur de batterie.

Contrôle de la charge avec un pèse-acide

Cet appareil sert à mesurer la densité de l'électrolyte. Plus la densité sera importante, plus la batterie sera bien chargée. Sur certains appareils, on ne donne pas la densité mais la masse volumique en g/dm^3. Le résultat est le même puisque la densité est le rapport entre la masse volumique du liquide et celle de l'eau (1 000 g/dm^3). Voici le mode d'emploi :

Dévissez les bouchons et plongez l'extrémité du pèse-acide dans le premier élément de la batterie. Prélevez avec la poire une petite quantité de liquide. Relevez sur le flotteur la valeur indiquée au niveau de l'électrolyte (voir tableau ci-dessous).

En général, pour plus de facilité de lecture, il existe trois zones de couleur sur le flotteur du pèse-acide correspondant aux trois états donnés dans le tableau : vert = batterie bien chargée, blanc = batterie déchargée à 50 %, rouge = batterie déchargée.

Renouvelez cette opération pour les autres éléments de la batterie (voir tableau).

Ce contrôle n'est plus possible avec les batteries sans entretien puisqu'il n'y a plus de bouchon donc plus d'accès à l'électrolyte.

Le contrôleur de charge de la batterie est encore le moyen le plus sûr de connaître l'état de charge.

Contrôle de la charge avec un voltmètre

Allumez tous les consommateurs de courant (phares, résistance chauffante de la lunette arrière, etc.) et mesurez la tension à la batterie. Elle ne doit pas descendre au-dessous de 9 V. Si c'est le cas, il faut la recharger.

Contrôle de la charge avec un testeur de batterie

C'est le contrôle le plus sûr. Un testeur de batterie est composé d'une résistance et d'un voltmètre qui mesure la tension aux bornes de cette résistance.

Branchez l'appareil aux bornes de la batterie pendant une durée de 15 s. L'aiguille de l'appareil indique sur le

État de la batterie	Bien chargée	Déchargée à 50 %	Déchargée à 75 %
Valeur de la densité relevée au pèse-acide à 15 °C	1,250 à 1,275 (29 à 31 ° Baumé)	1,170 à 1,190 (21 à 23 ° Baumé)	1,090 à 1,110 (12 à 14 ° Baumé)

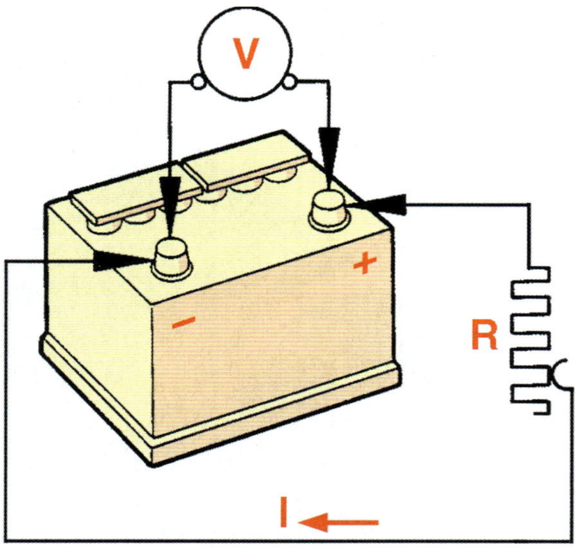

Principe du contrôleur de batterie : la batterie débite du courant dans une résistance et on mesure la tension aux bornes de la batterie.

cadran la valeur de la tension correspondant à l'intensité qui parcourt la résistance. Là aussi, les couleurs des différentes zones indiquent tout de suite quel est l'état de charge de la batterie.

Que faire lorsque la batterie est déchargée ?

Si votre batterie est déchargée suite à un oubli d'éclairage par exemple, pour démarrer votre moteur, vous pouvez :

- Soit pousser la voiture pour la faire démarrer, mais cette méthode est fortement déconseillée pour les véhicules à injection (risque de détérioration importante du pot catalytique).
- Soit utiliser des câbles de batterie, mais cela nécessite la présence d'une autre batterie donc d'une voiture amie et d'une bonne paire de câbles.
- Soit recharger la batterie avec un chargeur. Cet appareil ne nécessite pas d'investissement important et il existe dans le commerce toute une gamme de chargeurs. Il faut savoir au préalable qu'une batterie doit être rechargée doucement, par un courant de charge d'une intensité égale au 1/10e de la valeur de la capacité de la batterie, pendant dix heures.

Intensité du courant de décharge (I = 3 x capacité)	Tension aux bornes pendant la décharge	État de la batterie
Nulle	Indifférente	Batterie défectueuse
Bonne	Chute rapidement vers zéro	Batterie défectueuse, court-circuit entre les plaques positives et les plaques négatives
Bonne	Se stabilise à plus de 9 V après quelques secondes de décharge (~ 9,6 V)	Batterie bonne
Bonne	Ne se stabilise pas après quelques secondes de décharge	Batterie usagée, qui ne tient pas la charge, sans doute surchargée ou stockée trop longtemps déchargée

Exemples : Pour une Golf, équipée d'une batterie de 70 Ah, on réglera l'intensité de charge sur 7 A pendant dix heures.
Pour une C5 avec une batterie de 105 Ah, en 12 V, la valeur du courant devra être de 11 A pendant dix heures.
Il existe plusieurs types de chargeurs :

- Les chargeurs traditionnels qui nécessitent deux manipulations : l'une pour le choix de la tension, l'autre pour le choix de l'intensité.
- Les chargeurs à réglage électronique de l'intensité. En une seule manipulation, on règle la valeur de l'intensité de charge, la valeur de la tension est réglée automatiquement.
- Les chargeurs tout automatiques. Vous branchez votre batterie, le chargeur s'occupe du reste et passe automatiquement de la pleine charge au courant d'entretien. Plus besoin de minuterie !

CONCLUSION : Si vous vous décidez à acheter un chargeur de batterie avec un ou deux réglages, vous devez tenir compte de la capacité de votre batterie, donc de son courant de charge. Dans les exemples précédents, on choisira un chargeur de 12 A d'intensité efficace.

Conseils pour mettre votre batterie en charge

1. Débranchez les bornes de la bat-

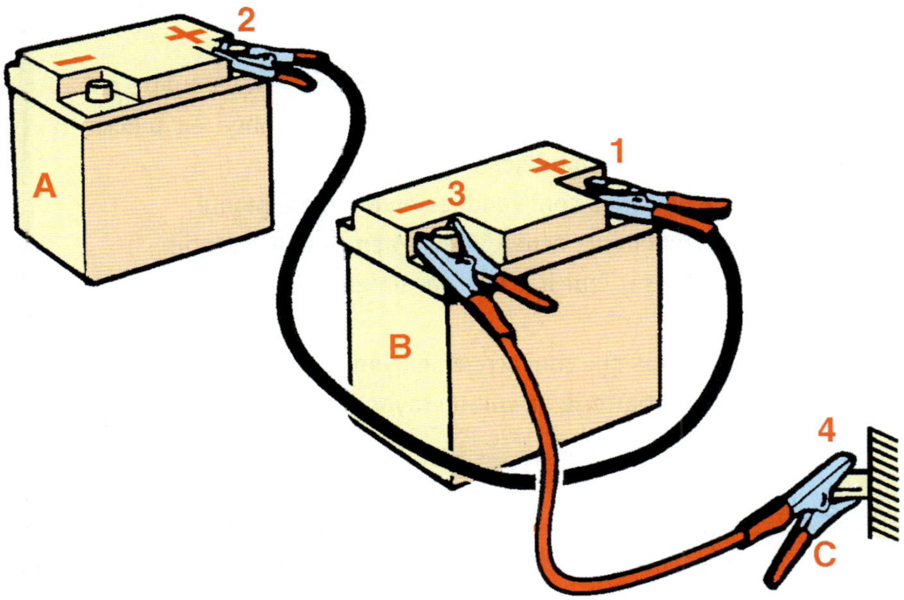

L'utilisation d'une batterie de secours ne pose pas de difficultés à condition de respecter l'ordre de branchement : 1. brancher la pince du câble sur le + de la batterie de secours (B), 2. brancher l'autre pince sur le + de la batterie déchargée (A), 3. brancher la pince de l'autre câble sur le – de la batterie de secours, 4. relier l'autre pince du second câble sur un point métallique de la voiture en panne.

terie, toujours la borne négative reliée à la masse en premier.

2 On a le choix entre laisser la batterie sur le véhicule pendant la charge ou la sortir de son support. Dans tous les cas, le local doit être aéré.

3 Dans le cas des batteries avec faible entretien, enlevez obligatoirement tous les bouchons en vous aidant d'un tournevis et posez-les sur la batterie. Faites attention aux projections d'acide qui vont apparaître lors de cette manipulation. Complétez si nécessaire le niveau d'électrolyte en ajoutant uniquement de l'eau distillée. Toutes les plaques doivent être recouvertes d'environ 10 à 12 mm de liquide.

4 Branchez le câble rouge du chargeur au + de la batterie (borne la plus grosse) et le câble noir au – de la batterie (borne la plus petite).

5 Branchez le chargeur sur l'alimentation en 220 V.

6 Dans le cas d'un chargeur à valeurs réglables, mettez les boutons au minimum et remontez jusqu'à la valeur de l'intensité de charge que vous aurez déterminée.

7 Après le temps de charge, huit à dix heures, tous les éléments d'une batterie de faible entretien doivent "bouillir", sinon contrôlez la charge avec un pèse-acide.

8 Essuyez les projections d'acide qui sont apparues pendant la charge, et remontez les bouchons.

Pour les batteries sans entretien, il est impossible de vérifier la charge.

9 Débranchez en premier la prise du chargeur. Ensuite, enlevez les câbles de la batterie.

10 Replacez la batterie dans son logement dans la voiture et rebranchez les cosses.

En cas de remplacement, quelle batterie choisir pour votre véhicule ?

Il faut se référer aux préconisations du constructeur pour le choix de la capacité de la batterie. Si vous avez le choix entre deux batteries qui conviennent à votre véhicule, la plus performante au démarrage sera celle qui offrira la plus grande puissance au démarrage.

Exemple : Entre une batterie de 12 V, 45 Ah, 300 A et une autre de 12 V, 48 Ah, 240 A, la plus performante sera la première à 300 A.

Conseils pour le remplacement d'une batterie

1 Avant toute intervention, vérifiez que le contact est coupé.

2 Débranchez la batterie défectueuse en commençant par la borne – reliée à la masse (vous évitez ainsi les risques de court-circuit par un mouvement malencontreux avec un outil entre la borne + et tout point de la carrosserie relié à la masse). La plupart des cosses se dévissent avec une clé plate de 10 ou de 13 ou avec une pince.

3 Démontez la batterie.

4 Nettoyez le support batterie.

5 Montez la nouvelle batterie en la fixant correctement sur son support.

6 Assurez-vous que les cosses sont propres et, si besoin est, brossez-les avec une brosse métallique.

7 Graissez les cosses avec de la graisse conductrice (de la vaseline pure par exemple).

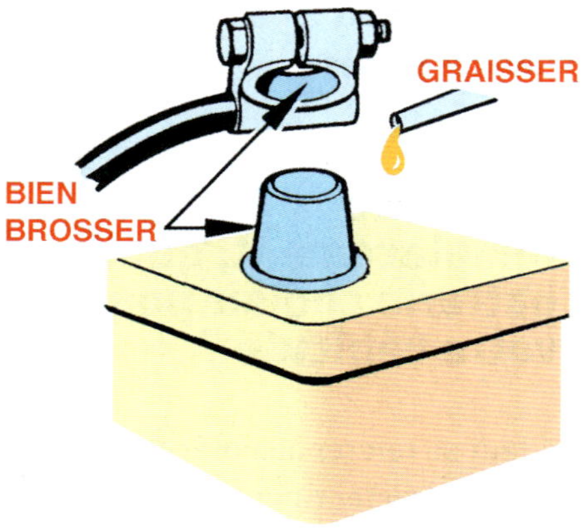

Il faut graisser les cosses des batteries pour éviter l'oxydation.

Quelques chiffres sur les batteries

Le contenu d'une batterie renversée rend stérile 1 m³ de terre pendant sept ans.

La durée de vie moyenne d'une batterie en France est de quatre ans.

5,2 millions de batteries sont vendues chaque année en pièces de rechange, dont 22 % de modèles importés.

3,8 millions de batteries sont vendues en première monte.

57 % des consommateurs achètent eux-mêmes leur batterie.

43 % vont faire poser leur batterie par un garagiste ou prestataire de service.

1 min 30 est le temps que consacre en moyenne un consommateur pour faire le choix de la batterie devant un rayon de grande surface.

8 Branchez la batterie en effectuant un serrage correct et en terminant par la borne négative reliée à la masse.

9 Contrôlez le bon fonctionnement du circuit de charge. Pour cela, faites tourner le moteur au ralenti accéléré (2 000 tr), mesurez la tension aux bornes avec un voltmètre. La tension doit être comprise entre 14 V et 14,5 V.

10 Allez déposer l'ancienne batterie dans une déchetterie ou dans un garage qui vous la reprendra sans problème, car une procédure de récupération est prévue dans chaque garage.

Ne fumez pas pendant le changement de batterie.

Ne laissez pas de graisse sur la batterie en dehors des bornes.

Ne posez pas d'outils sur la batterie afin d'éviter les risques de court-circuit.

Ne collez pas la batterie contre vous lors de son transport, la moindre goutte d'acide va percer vos vêtements, utilisez plutôt une sangle prévue à cet effet.

En cas de présence d'acide sur la batterie, nettoyez à l'eau claire.

Lavez-vous les mains après l'opération, l'acide attaque la peau.

ATTENTION : Sur les voitures récentes, lorsque la batterie a été débranchée et rebranchée, certaines fonctions ne sont plus opérantes ou fonctionnent de façon incomplète.

Exemples :

- la levée et descente automatiques des vitres ;
- l'autoradio ;
- le fonctionnement du moteur, etc.

Pour rétablir leur bon fonctionnement, il faut se référer au manuel d'utilisation ou demander à un garagiste.

Recyclage des batteries

Contrairement au recyclage des huiles usagées, le recyclage des batteries est une affaire très bien organisée et rentable. Elle existe depuis de longues années, la plus vieille affinerie du plomb remonte à 1923. Parmi les métaux non ferreux, le plomb est celui qui se recycle le mieux.

En effet, mille batteries recyclées permettent d'en créer autant de nouvelles. Le taux de récupération des batteries est, en France, de 90 % et devrait encore s'améliorer car on estime à plus de 2 millions par an, le nombre de batteries usagées détenues par des particuliers ou éliminées dans des décharges sauvages, soit environ 11 000 t de plomb.

Récupérer le plomb, c'est bien, mais réussir à récupérer tous les composants d'une batterie, c'est mieux. Le plomb ne représente en fait que 60 %, le reste recyclable se partage en 20 % d'acide sulfurique et 5 % de plastique, essentiellement du polypropylène.

Les recherches actuelles s'orientent surtout sur la possibilité de pouvoir récolter l'acide des batteries car celles-ci arrivent vides aux entreprises de retraitement. L'acide pourrait ainsi être neutralisé.

Un accord entre les professionnels et l'ADEME (Agence de l'environnement et de la maîtrise de l'énergie) permettrait aux récupérateurs et professionnels de s'équiper de bacs étanches indispensables pour la collecte.

Quant aux plastiques, ils sont broyés et recyclés. Transformés en granulés, ils sont acheminés vers les industries automobile et horticole.

LES PNEUMATIQUES

Ce sont les éléments fondamentaux de votre sécurité sur la route. Ce sont eux qui assurent la liaison de votre véhicule avec le sol et qui doivent répondre à toutes les sollicitations, uniquement par l'intermédiaire d'une surface pas plus grande qu'une feuille de papier 21 x 29,7 cm ! On finit par oublier leur existence et l'importance de leur rôle, et pourtant...

À quoi servent les pneumatiques ?

Six fonctions essentielles leur incombent :

Porter la charge

Les pneus supportent toute la charge de votre voiture à l'arrêt, mais surtout pendant le "roulage". Ils doivent résister aux transferts de charge lors des virages, en cas d'accélération et surtout de freinage. Pendant le freinage, les pneus avant sont surchargés, et inversement, à l'accélération, ce sont ceux de l'arrière qui vont encaisser la charge. Lors d'un virage, les pneus s'écrasent, se déforment sous les sollicitations.

Transmettre les efforts

Toute la puissance du moteur est transmise aux roues et ce sont les pneus qui doivent répercuter au sol les couples de freinage et d'accélération. Ils doivent assurer l'adhérence au sol en toutes circonstances. C'est la bande de roulement qui souffre !

Diriger

Quand le conducteur désire prendre un virage en tournant le volant, ce sont les pneus qui donnent la direction du véhicule. La bande de roulement s'accroche, les flancs résistent.

Guider

La tenue de route dépend en grande partie des pneumatiques, et ce, quel que soit l'état des routes et des conditions climatiques. Même s'ils reçoivent des efforts latéraux, les pneus doivent maintenir le cap du véhicule sans dérive. Une faible dérive est une des principales caractéristiques d'un pneu. La pression des pneumatiques sur les essieux avant et arrière est aussi un élément important dans la stabilité de trajectoire.

Amortir

Le pneumatique doit assurer le confort des passagers. Il doit amortir les irrégularités de la route. Pour cela, il doit posséder une grande souplesse. La pression de l'air à l'intérieur permet d'encaisser les déformations

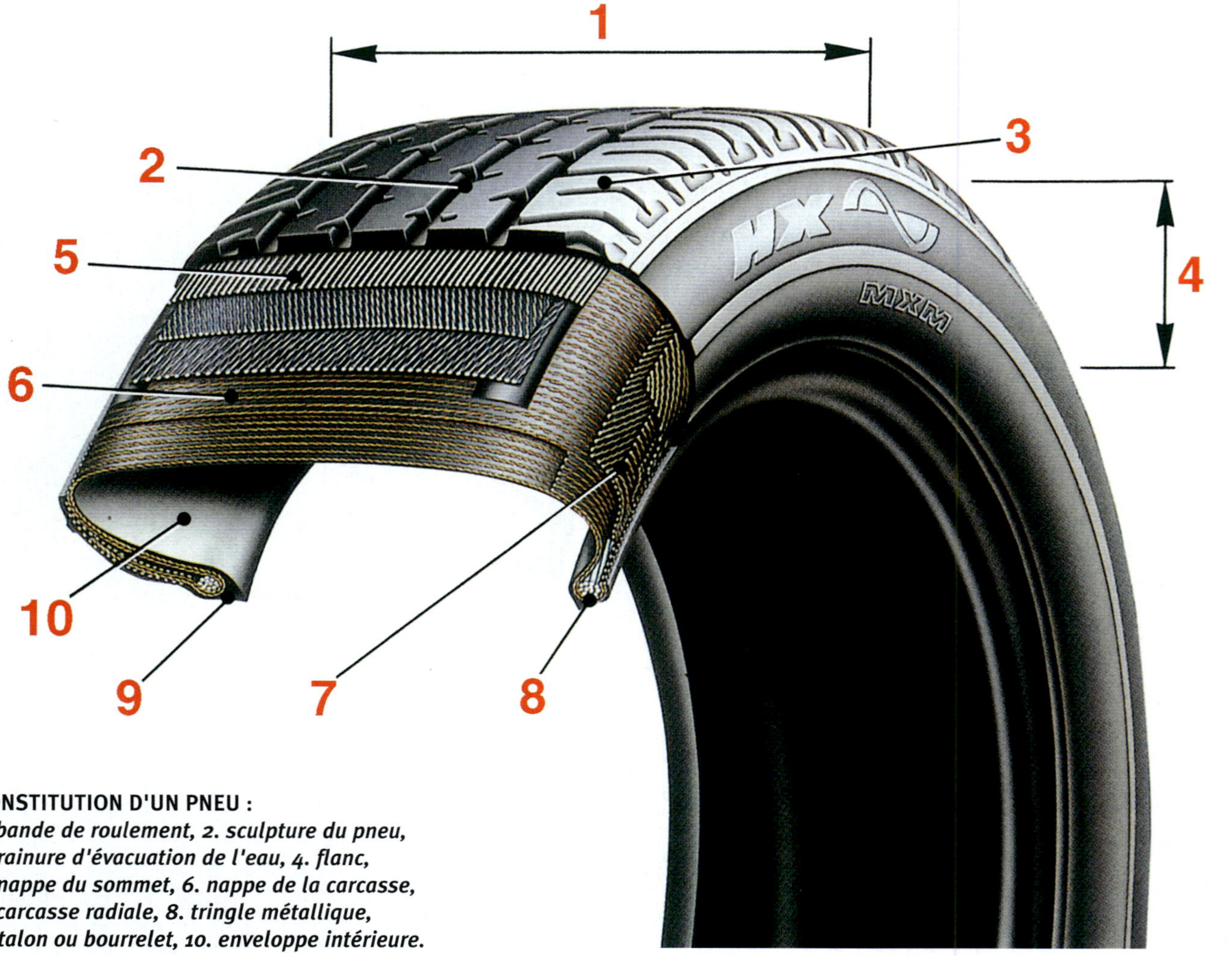

CONSTITUTION D'UN PNEU :
1. bande de roulement, 2. sculpture du pneu, 3. rainure d'évacuation de l'eau, 4. flanc, 5. nappe du sommet, 6. nappe de la carcasse, 7. carcasse radiale, 8. tringle métallique, 9. talon ou bourrelet, 10. enveloppe intérieure.

dues aux obstacles rencontrés. Le pneu participe à la suspension du véhicule, il doit être suffisamment souple pour assurer le confort sans compromettre un bon guidage du véhicule.

Durer

Avec toutes ces fonctions qu'on lui demande de remplir, le pneumatique doit garder ses performances pendant des millions de tours de roue. L'usure des pneus dépendra des conditions d'utilisation du véhicule (la charge, la vitesse, l'état des routes, les conditions climatiques et leurs variations, la pression de gonflage, le style de conduite, l'état de la suspension et des trains).

Un peu d'histoire...

La naissance du pneu date de 1888. La réalisation de la première enveloppe revient à un certain John Boyd Dunlop, vétérinaire de profession et qui avait l'habitude de manipuler des feuilles de caoutchouc pour en faire des gants, bien utiles pour son activité. Il eut l'idée de garnir les roues du tricycle de son fils avec un tube élastique confectionné à partir d'une de ces feuilles de caoutchouc pour réduire les efforts de l'enfant et diminuer le bruit. Il adapta un système de valve pour le gonflage, enroula des bandes de toile en les croisant afin d'assurer une protection et fixa le tout sur la jante en bois. Le premier pneu était né.

Conscient de l'intérêt de sa nouvelle découverte, J.B. Dunlop déposa une demande de brevet qui fut accordée aussitôt en juillet 1888. Depuis, on connaît le chemin parcouru par cette invention et le rôle que jouent les pneumatiques dans la conduite de nos véhicules.

De quoi est constitué un pneu ?

Le pneu ou enveloppe peut se décomposer en plusieurs parties distinctes :

La bande de roulement

C'est la partie en contact avec le sol. Cette bande doit pouvoir résister à des efforts très importants. Elle est constituée d'un mélange qui doit résister à l'usure, à l'abrasion, aux chocs dus aux aspérités sur tous types de revêtements. Elle doit s'échauffer faiblement. Elle comporte des sculptures qui doivent permettre d'obtenir l'adhérence au sol avec un minimum de glissement, quel que soit l'état de la chaussée. Le second rôle de ces sculptures est d'évacuer l'eau d'une route mouillée par des rainures. On comprend aisément l'importance de leur forme et de leur profondeur lorsqu'on sait que les quatre pneus d'un véhicule de moyenne gamme, roulant sur une route recouverte de 3 mm d'eau (et ce n'est pas rare après un orage !), doivent évacuer environ 3 m^3 d'eau à la minute, soit six fois le débit d'une grosse lance à incendie !

La carcasse

C'est le squelette du pneu. Elle doit supporter, avec l'air de gonflage, la charge du véhicule. Elle est réalisée par une juxtaposition de nappes de fils, noyées dans la gomme. Autrefois, ces nappes étaient disposées en biais et leur orientation était généralement inversée d'une nappe à l'autre. Ce type de pneu a disparu du marché depuis la création, en 1948 par l'entreprise Michelin, du pneu à carcasse radiale qui fut une véritable révolution dans ce domaine. Il s'agit d'une disposition de toiles placées dans le sens perpendiculaire à celui du roulement. Ces nappes de fils suivent ainsi des plans radiaux (passant par l'axe de la roue) et forment des arceaux droits. La bande de roulement est séparée par une ceinture, composée d'un certain nombre de nappes croisées de fils de rayonne ou d'acier, faisant un angle faible avec le plan médian du pneu. Cette ceinture est très souple dans le sens radial et rigide dans le sens latéral. Dans une nappe de pneu automobile il y a environ mille quatre cents fils d'acier qui peuvent résister à une force de 15 N.

Les flancs

Leur rôle est de transmettre les couples moteur et de freinage de la jante vers le contact au sol. Ils doivent également protéger la carcasse contre les chocs latéraux. Ils sont constitués de gomme souple résistant à l'abrasion et aux agressions extérieures, comme pour les trottoirs par exemple. Par contre, une gomme plus dure permet la liaison entre le pneu et la jante.

L'accroche

L'accroche de la carcasse sur la jante se fait par l'intermédiaire du *talon* enfermant *la tringle*, c'est-à-dire des anneaux en câble d'acier, déformables mais inextensibles. Le bord des nappes de fils est retourné autour de chaque tringle. Quand on gonfle le pneumatique, les fils se détendent et exercent une traction sur les tringles qui s'écartent les unes des autres et s'appliquent contre l'épaulement de la jante qu'elles ne peuvent franchir.

La gomme

Elle est le résultat d'une vulcanisation à haute température (150 à 180 °C) d'un mélange de noir de carbone, dérivé du pétrole, d'huiles minérales et de caoutchouc naturel (hévéa). Sachant que 25 l de pétrole brut sont nécessaires à la fabrication d'un pneu, c'est la proportion d'huile et de carbone qui détermine la souplesse de l'ensemble.

Qu'est-ce que l'aquaplaning ?

Lorsque la quantité d'eau qui recouvre la chaussée est importante et la vitesse du véhicule excessive, il arrive que les sculptures de la bande de roulement ne parviennent plus à chasser suffisamment l'eau située entre le pneu et la route. Il se forme alors un "coin d'eau" qui va soulever la roue. La voiture n'est plus en contact avec le sol, mais flotte littéralement. C'est le phénomène d'aquaplaning. Cette situation est dangereuse car les roues patinent et le conducteur ne contrôle plus son véhicule.

Sur route mouillée, l'eau s'évacue par les rainures du pneu.

Qu'est-ce qu'un pneu "tubeless" ?

C'est un pneu qui est monté sans chambre à air. Son enveloppe est recouverte, sur la face interne, d'une couche de gomme imperméable à l'air.

Les "tubeless" se montent sur des jantes spéciales à profil de sécurité, possédant une valve particulière fixée de façon étanche.

Les avantages des pneus sans chambre sont nombreux. L'absence de la chambre à air permet, non seulement un gain de poids, mais aussi une

1. vitesse moyenne, l'adhérence est satisfaisante ; 2. vitesse élevée, le pneu se soulève, l'adhérence est réduite ; 3. grande vitesse, le pneu se décolle de la chaussée l'adhérence est nulle. C'est l'aquaplaning.

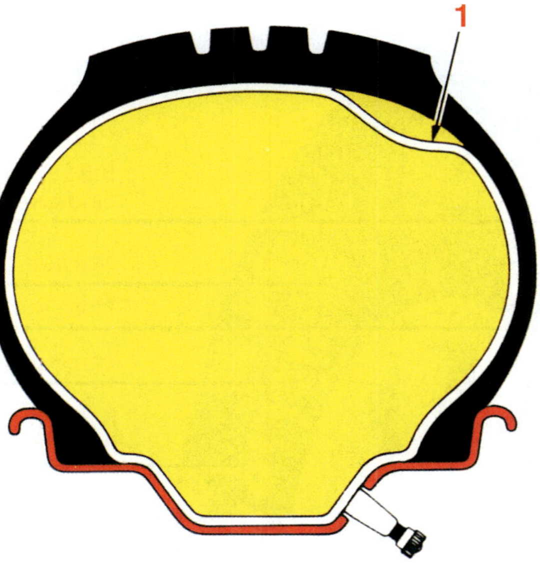

Avec les chambres à air, des poches d'air pouvaient se produire au montage.

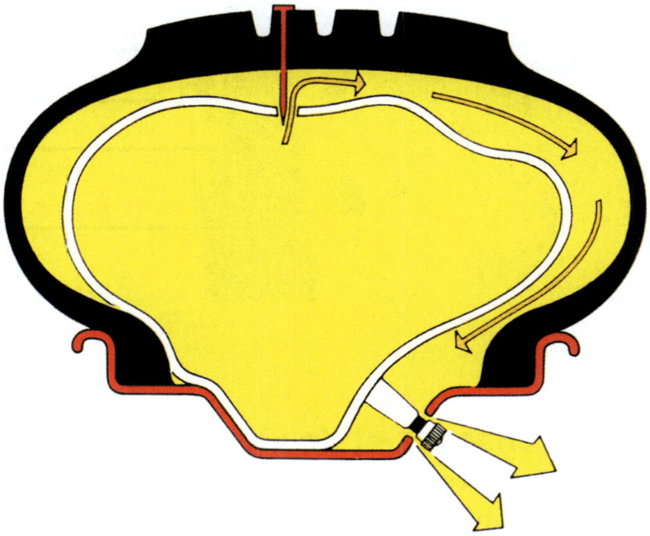

Avec un pneu avec chambre, lors d'une crevaison, l'air sous pression s'échappait entre la chambre et le pneu et la mise à plat était instantanée.

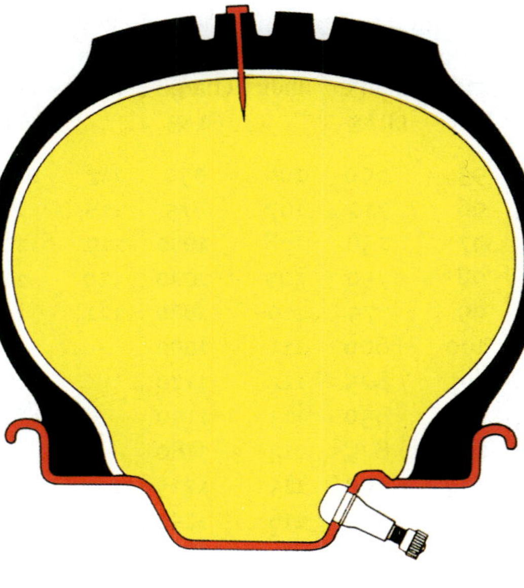

Avec un pneu Tubeless, un revêtement étanche recouvre l'intérieur du pneu et la valve est fixée sur la jante. Lors d'une crevaison la perte d'air est plus lente.

absence d'échauffement interne qui se produit d'habitude entre le pneu et la chambre. L'équilibrage s'en trouve amélioré. Avec ce type de pneu, il n'existe plus de risque de création de poches d'air entre la chambre et l'enveloppe, ni d'oxydation à l'intérieur de la jante.

En cas de crevaison, le dégonflement du pneu est plus lent et les risques d'éclatement sont diminués. La réparation est plus rapide et meilleur marché.

Pratiquement tous les pneus actuels sont “tubeless”.

Pourquoi tous les pneus possèdent-ils une structure radiale ?

Les pneumatiques actuels possèdent tous effectivement une structure radiale.

L'avantage de cette structure provient du fait que chaque partie du pneu travaille de façon indépendante (flancs et bande de roulement).

Il s'ensuit une réduction des frictions et des déformations de la surface de contact avec le sol, entraînant une excellente tenue de route, une meilleure adhérence (le pneu se déroule comme une chenille) et une réduction de l'usure.

On a donc une augmentation du kilométrage entre deux changements de pneumatiques. La structure radiale assure également, par sa souplesse, un plus grand confort aux passagers.

Par contre, le bruit de roulage sur la chaussée reste important, malgré les efforts des fabricants qui sont entrepris dans ce domaine.

L'adhérence d'un pneu varie suivant la qualité de sa structure mais aussi en fonction de l'état de la surface du

La désignation d'un pneu.

Indices de charges et de vitesses

Utilisés dans le marquage des pneus tourisme et camionnette avec indication de la valeur correspondant à ces indices.

Indices de capacités de charge par pneu

Indice	Charge en kg	Indice	Charge en kg	Indice	Charge en kg	Indice	Charge en kg	Indice	Charge en kg	Indice	Charge en kg
62	265	73	365	84	500	95	690	106	950	117	1285
63	272	74	375	85	515	96	710	107	975	118	1320
64	280	75	387	86	530	97	730	108	1000	119	1360
65	290	76	400	87	545	98	750	109	1030	120	1400
66	300	77	412	88	560	99	775	110	1060	121	1450
67	307	78	425	89	580	100	800	111	1090		
68	315	79	437	90	600	101	825	112	1120		
69	325	80	450	91	615	102	850	113	1150		
70	335	81	462	92	630	103	875	114	1180		
71	345	82	475	93	650	104	900	115	1215		
72	355	83	487	94	670	105	925	116	1250		

Symboles de vitesse	Vitesse en km/h
K	110
L	120
M	130
N	140
P	150
Q	160
R	170
S	180
T	190
U	200
H	210
V	210

État de la chaussée	Coefficient d'adhérence
Route goudronnée ou béton sec	0,8
Route goudronnée ou béton mouillé	0,5 à 0,6
Asphalte lisse ou mouillé	0,4 à 0,5
Asphalte lisse ou mouillé, légèrement boueux	0,2 à 0,3
Neige compacte	0,1 à 0,3
Glace et verglas	0,07 à 0,1
Plus le chiffre est élevé, plus l'adhérence est importante.	

sol. Les chiffres ci-dessus établissent une comparaison éloquente sur l'influence du revêtement de la chaussée.

Savez-vous lire un pneu ?

La désignation d'un pneu est indiquée en relief sur le flanc caoutchouté. Exemple : 185/70 R 13 84 S.

- 185 : c'est la largeur du pneu en millimètres ;
- 70 : c'est le rapport entre la hauteur de la section du pneu et sa largeur. Les mesures sont prises sur une enveloppe montée et gonflée. 80 est le rapport traditionnel, les valeurs inférieures sont considérées comme des modèles "tailles basses".
- R : ce chiffre indique le type de structure, R pour radial ;
- 13 : c'est le diamètre de la jante, exprimé en pouces (2,54 cm) ;
- 84 : c'est l'indice de charge. Ce chiffre donne la capacité de charge maximale pour chaque pneu en kilogrammes ;
- S : ce chiffre correspond à un code de vitesse maximale qui ne doit pas être dépassée par le véhicule équipé de cette catégorie de pneumatiques.

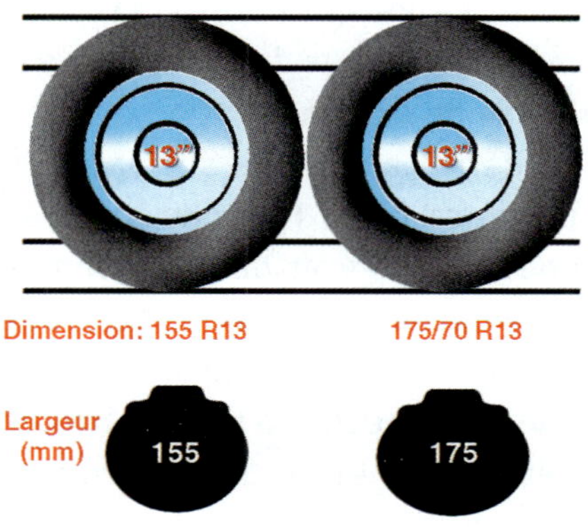

Série taille basse : les pneus ont un rapport H/S < 80.

Qu'appelle-t-on la jante ?

La jante est le support de l'enveloppe et elle forme avec celle-ci, la roue. Les jantes sont soit en acier, soit en alliage léger afin de diminuer le poids et améliorer l'esthétisme.

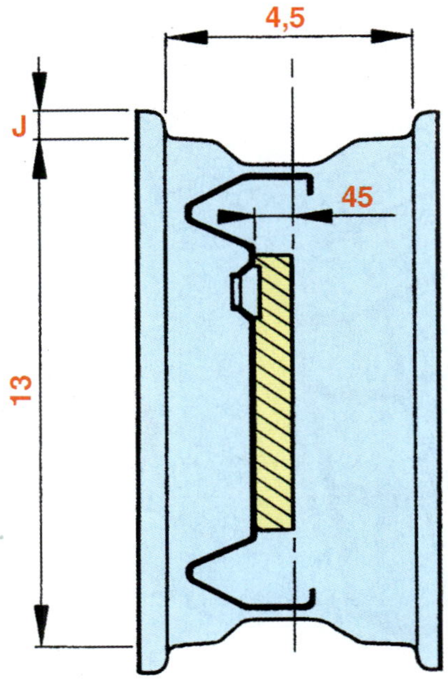

La désignation d'une jante.

Il existe deux sortes de jantes selon le type de pneu utilisé :

- les jantes de tourisme : Elles sont à base creuse et symétrique, en une seule pièce ;
- les jantes destinées à recevoir les pneus tubeless : Elles sont asymétriques et possèdent un épaulement. Si l'épaulement est arrondi, il sera appelé "*Hump*". Si l'épaulement est plat, il sera désigné par le terme "*Flat hump*".

Connaissez-vous aussi la désignation d'une jante ?

Exemple : 4 1/2 J-13-3-45.

- 4 1/2 : c'est la largeur de la jante en pouces, mesure prise entre les rebords intérieurs ;
- J : c'est le code correspondant à la hauteur du rebord. Cette hauteur est normalisée ;
- 13 : c'est le diamètre de la jante qui correspond au diamètre intérieur du pneu. La valeur est exprimée en pouces ;
- 3 : c'est le nombre de trous de fixation ;
- 45 : c'est le déport de la jante exprimé en millimètres.

Attention au montage de types de pneus non préconisés par les constructeurs !

Équiper son véhicule avec d'autres types de pneus que ceux montés à l'origine ne peut se faire sans les conseils d'un professionnel. En effet, le choix des pneus par les constructeurs s'effectue en fonction de divers paramètres, dont le type de suspension, la démultiplication de la direction, le poids, la vitesse etc. Ainsi, vos possibilités de changer les préconisations sont très limitées. Il faut savoir que :

- les pneus plus larges doivent être montés sur des jantes correspondantes ;
- les pneus "taille basse" sont plus rigides, plus bruyants. Ils offrent cependant une conduite plus précise et une meilleure tenue de route, mais leur équilibrage doit être soigné.

Qu'est-ce que la dérive d'un pneu ?

La trajectoire d'une enveloppe gonflée et écrasée sous la charge se trouve modifiée de la trajectoire normale lorsqu'elle se trouve sous l'influence d'une force latérale (vent violent, état de la route ou force centrifuge en virage...). Cette divergence est appelée "dérive du pneumatique". Ce phénomène est dû à la déformation élastique des flancs et de la bande de roulement.

La dérive augmente suivant l'importance de la force latérale, du sous-gonflage et de la surcharge du véhicule. Par contre, pour une même force latérale, la dérive diminue si l'on réduit le rapport H/S de l'enveloppe et si on augmente la largeur de la jante. La structure de l'enveloppe influe également sur la dérive et l'on remarque que la structure radiale dérive moins que les anciennes enveloppes à structure diagonale.

La dérive a une incidence directe sur la rapidité d'usure des pneus et sur la tenue de route des véhicules. Ainsi, le sous-gonflage est une des causes les plus fréquentes d'usure prématurée des pneumatiques. Il est donc fortement conseillé de contrôler la pression de gonflage et de se référer aux valeurs préconisées par le constructeur.

Et la résistance au roulement ?

Pour entretenir l'avancement d'un véhicule sur un sol horizontal, il faut appliquer une certaine force de poussée. Cette force est équivalente à la "résistance au roulement", essentiellement due aux caractéristiques des pneumatiques. Pour un pneu correctement gonflé, la résistance au roulement est plus faible que pour un pneu dégonflé. On remarque également, dans le cas d'une pression correcte, que les flexions du pneu sont limitées, l'échauffement diminué et l'économie en carburant appréciable. Cependant, cette résistance au roulement est supérieure pour un pneu neuf, à pression de gonflage identique (l'écart pouvant atteindre 25 %). Ainsi, avec le montage de pneus neufs, il ne faut pas s'attendre à des économies d'essence. Ce n'est pas pour cela qu'il faut rouler avec des pneus usés !

A. Pneu neuf le témoin d'usure est au fond des rainures. B. Pneu usagé, les témoins d'usure affleurent la surface. Les rainures ont une profondeur de 1,6 mm. Les pneus doivent être changés.

Savez-vous détecter un pneu usé ?

Les témoins d'usure des pneumatiques sont des bossages situés à l'intérieur des rainures principales de la bande de roulement. Ils permettent de signaler de façon visuelle que les sculptures du pneumatique n'ont plus qu'une profondeur de 1,6 mm. Une indication, en relief sur les flancs de l'enveloppe et placée à droite des bossages, permet de localiser l'emplacement des témoins d'usure. Ces indications sont en général au nombre de huit, réparties sur le pourtour du pneu.

Aucun pneumatique ne doit présenter une profondeur de sculptures restantes inférieure à 1,6 mm sur la largeur de la bande de roulement et sur toute la circonférence.

La différence entre la profondeur des rainures principales de deux pneumatiques montés sur un même essieu, ne doit pas dépasser 5 mm.

Il arrive que l'usure des pneumatiques ne soit pas uniforme sur toute la largeur du pneu. Ce phénomène arrive souvent à l'avant du véhicule. Si l'usure se situe à l'extérieur des deux pneus ou à l'intérieur, c'est un problème de réglage de votre parallélisme. Ce défaut de réglage de parallélisme peut aussi se manifester par une trajectoire de la voiture qui n'est pas rectiligne, même si on maintient le volant en ligne droite.

Faites l'essai : sur une portion de route en ligne droite, plane et sans circulation, avec les pneus parfaitement gonflés et seulement un doigt pour tenir le volant en ligne droite, roulez à vitesse régulière. Si le véhicule dévie, il est possible que le réglage du parallélisme ne soit pas bon. Il faut le faire contrôler et régler par un spécialiste.

Il faut savoir qu'un pneu s'use :

- plus vite en été qu'en hiver, deux fois plus vite à 15 °C qu'à 4 °C ;
- trois fois plus vite sur une mauvaise route que sur une route en bon état ;
- six fois plus vite sur une route empierrée que sur un goudron lisse ;
- deux fois plus vite en montagne qu'en plaine ;
- deux fois plus vite à 120 km/h qu'à 70 km/h ;
- plus vite si la pression de gonflage n'est pas conforme. Sous-gonflé à 20 %, le rendement du pneu est réduit de 30 % ;
- plus vite s'il est soumis très souvent à de fortes accélérations ou freinages brutaux, qui provoquent des surcharges alternées avant/arrière.
- plus vite si la charge maximale est dépassée. 20 % de dépassement provoque une usure prématurée de 30 % et les pneus devront être changés au bout de 35 000 km au lieu de 50 000 ;
- plus vite si les amortisseurs sont fatigués et si les jeux dans les trains sont importants ;
- plus vite si les trains avant et arrière sont mal réglés ;
- plus vite si l'équilibrage n'est pas correct.

La législation

Le code de la route interdit de monter des pneus de structures différentes sur un même essieu (art. 3.2, 3.3). Cet article sous-entend, d'après le Journal officiel de la CE du 14 mai 1992, que les pneus d'un même essieu doivent être à la fois :

- de même marque ;
- de même dimension ;
- de même catégorie d'utilisation (route, neige, tout-terrain...) ;
- de même structure ;
- de même code de vitesse ;
- de même indice de charge.

L'importance du gonflage

Le pneumatique ne peut remplir ses fonctions que si les pressions de

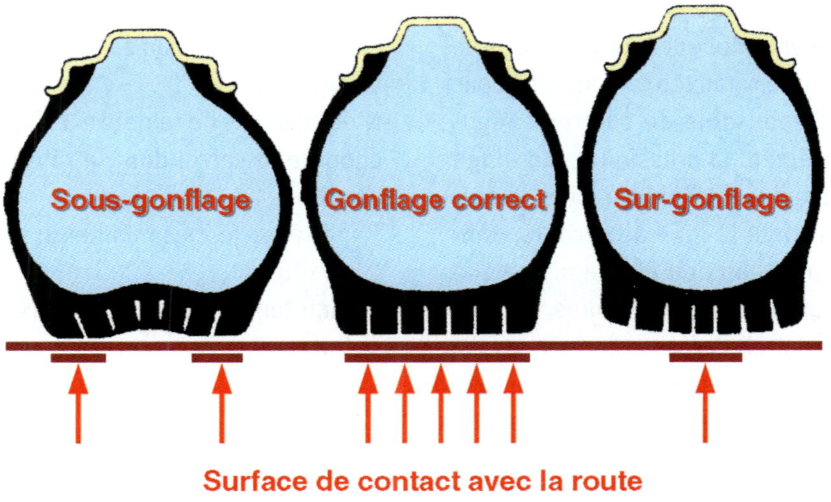

Le gonflage correct d'un pneu est très important. Il assure la sécurité, l'économie de carburant, une plus longue durée de vie du pneu et un meilleur confort de conduite.

gonflage sont strictement respectées suivant les données du constructeur. En effet, c'est la pression de l'air qui supporte la charge, c'est elle qui détermine la stabilité et la tenue de route du véhicule. Elle assure également le confort, la sécurité de l'utilisateur et la longévité du pneumatique.

Conseils pour le gonflage

- La valeur de la pression des pneus conseillée par le constructeur se trouve, suivant les voitures, dans :
  - la portière du conducteur ;
  - la trappe de remplissage du carburant ;
  - le carnet d'entretien.
- L'écart de pression entre avant et arrière doit être respecté. Il est nécessaire à l'équilibre du véhicule.
- Les pressions peuvent être augmentées pour une meilleure tenue de route, de :
  - 0,2 à 0,3 bar pour une conduite à vitesse élevée, pour une conduite sportive sur des routes sinueuses ou sur de longs parcours ;
  - 0,5 bars pour les pneumatiques arrière en cas de remorquage.
- En cours d'utilisation, il est normal de constater une baisse de la pression d'environ 100 g/mois. Il est donc indispensable de contrôler régulièrement la pression de gonflage au moins une fois par mois, y compris pour la roue de secours, dont la pression doit être la même que la plus gonflée des roues.
- Le contrôle de la pression doit se faire à froid (pour des pneumatiques à la température ambiante), c'est-à-dire que la voiture n'a pas roulé sur plus de 4 km à vitesse réduite. Si le contrôle est effectué pendant un voyage, c'est-à-dire à chaud, il sera moins précis du fait de l'augmentation de la température, donc de la pression. Il ne faut jamais réduire la pression. Si par une manipulation malencontreuse vous avez dégonflé votre pneu à chaud, il faut le regonfler d'une valeur supérieure d'environ 20 % de celle à froid.
- N'oubliez pas de remettre le capuchon de la valve, dont le rôle est double :
  - protéger le mécanisme du dispositif ;
  - maintenir la pression en cas de fuite.

Le gonflage à l'azote

Déjà utilisé dans la compétition automobile, l'azote est un gaz inerte, inoffensif et ininflammable, qui est beaucoup moins sensible à la température que l'air.
Ainsi, un pneu gonflé à l'azote reste pratiquement à la même pression sur un même parcours quel que soit le parcours.

Comment ça se passe ?

Actuellement, seuls les centres-autos pratiquent cette opération. Un technicien vous dégonfle vos pneus et vous les regonfle en injectant de l'azote. On vous change les bouchons de valve par des bouchons spécial azote de couleur verte.
Comme les deux gaz sont compatibles, en cas de nécessité, vous pouvez rajouter sans problème de l'air dans un pneu gonflé à l'azote. Ainsi, vous pouvez attendre votre prochain passage au centre-auto pour gonfler uniquement à l'azote.

Quels sont les avantages et les inconvénients de ce gonflage ?

- Plus de sécurité. Comme vos pneus gardent plus longtemps la bonne pression de gonflage, vous réduisez vos risques d'éclatement liés à un sous-gonflage et gardez une meilleure efficacité lors des freinages, accélérations, sur routes sinueuses, en conduite sportive, etc.
- Plus d'économie. Comme la pression dans vos pneus est plus stable, vous limitez l'usure et augmentez la longévité de vos pneus. On estime à 20 % de kilomètres en plus le gain obtenu.
- Moins de contrôle. Vous devez contrôler la pression moins souvent, tous les trois ou quatre mois au lieu de chaque mois pour le gonflage à l'air.
- L'opération vous coûtera 12 euros, avec remise à la pression gratuite dans le même centre, pendant toute la vie du pneu y compris lors d'une crevaison.

Conseils pour le changement d'un pneu

Le montage

- Montez sur le même véhicule de préférence quatre pneus de même structure (voir plus haut la législation).
- Dans le cas d'un changement de deux pneus neufs, ceux-ci doivent être montés sur l'essieu arrière. En effet, en cas de situations imprévues et difficiles (freinage d'urgence, virage serré, surtout sur route mouillée, éclatement d'un pneu), il est plus facile de contrôler le train avant par un mouvement de la direction (rotation sur le volant) que le train arrière. On a donc tout intérêt à placer les pneus les plus usés à l'avant. Il est vrai que les pneus s'usent plus vite à l'avant qu'à l'arrière, surtout avec les voitures à traction avant (qui représentent la majorité des voitures actuelles). Le conducteur, habitué à sa voiture, trouvera moins d'adhérence avec des pneus plus usagés, mais il faut privilégier la sécurité.
- En ce qui concerne la permutation des pneus, lorsque celle-ci ne peut être évitée, il faut conserver le sens de rotation du pneu. Le pneu avant gauche doit être mis à l'arrière gauche, et réciproquement. Il en est de même pour le côté droit. Le pneu a pris une habitude de travail et les nappes se sont positionnées et usées dans une position bien précise. Le fait de changer leur sens de rotation modifierait ce phénomène et entraînerait une usure prématurée.
  - Cette remarque prend toute son importance pour les pneus-neige qui sont inutilisés une bonne partie de l'année.
  - Les pneus qui ont un sens de rotation obligatoire portent une flèche sur le flanc, indiquant le sens. Pour les autres, il est d'usage de faire apparaître le mot "dot" sur le flanc extérieur du pneu.
- Il faut toujours monter des pneus dont l'indice de vitesse est supérieur ou égal aux pneus d'origine.

Les valves sont fixées sur la jante. Les valves caoutchoutées doivent être changées à chaque changement de pneu.

Le changement de la valve

La valve est un élément très important car, avec les pneus sans chambre, c'est elle qui garantit l'étanchéité de vos pneumatiques. Or, dès que le pneu tourne, elle est soumise à une force centrifuge qui tend à l'extraire de son logement. Ces efforts de traction plus le vieillissement naturel du caoutchouc font que la valve se détériore au fil du temps. Il est donc indispensable de la remplacer à chaque changement de pneumatiques. Même si votre revendeur de pneumatiques a l'habitude de la changer, vérifiez que son replacement a bien été effectué.

L'équilibrage

Cette opération va permettre à la roue de tourner sans vibration. En effet, il arrive fréquemment que l'on ressente de désagréables sinon d'insupportables vibrations dans le volant, à partir d'une certaine vitesse. Ces vibrations sont dues à un balourd de l'ensemble roue-pneu qui peut être compensé par la mise en place d'une masse plus ou moins importante sur le pourtour de la jante. L'emplacement de ces masses est déterminé par un appareil électronique appelé "équilibreuse de roues". L'idéal serait de rouler plusieurs dizaines de kilomètres pour permettre au pneu de se mettre en place, mais profitez donc de la dépose de vos roues pour les faire équilibrer. Un bon équilibrage :

- supprime l'usure prématurée des pneus ;
- offre un meilleur confort de conduite ;
- augmente la durée de vie de vos pneus.

Le contrôle de la géométrie et du parallélisme

Un accrochage, un "coup de trottoir" un peu violent, un effort brutal sur la roue, et le véhicule commence à ne plus rester en ligne droite, à "tirer" à droite ou à gauche. Les pneus commencent à s'user irrégulièrement. C'est le signe d'un déréglage du train avant, et en général d'un défaut de parallélisme. Il est nécessaire de faire contrôler la géométrie du train avant par un spécialiste le plus tôt possible, sinon les pneus ne vont pas durer longtemps.

Comment s'aperçoit-on en roulant qu'un pneu est crevé ?

La direction devient dure au volant et la suspension aussi. La voiture perd de la puissance, mais surtout "flotte", tire d'un côté, cahote. Le pneu finit par claquer, et si vous continuez à rouler à plat, vous allez sentir une odeur de caoutchouc brûlé : votre pneu est complètement détruit.

Il existe maintenant des systèmes qui permettent de connaître la pression et la température des pneus. Ces appareils sont montés en série sur les véhicules haut de gamme ou peuvent être montés en accessoire sur n'importe quel véhicule. Ce sont des petits capteurs-émetteurs montés sur le bord ou à l'intérieur des jantes, qui transmettent, par radiofréquence, les informations relatives à la pression et à la température des pneus à un récepteur-afficheur situé sur le tableau de bord. Les petits capteurs possèdent une batterie qui doit durer cinq ans environ.

REMARQUE : Si vous vous apercevez qu'un automobiliste roule avec une roue crevée, prévenez-le. Votre geste lui évitera peut-être un accident et l'économie d'un pneu.

Que faire lorsqu'on a crevé ?

Si vous êtes sur une autoroute, mettez vos feux de détresse et empruntez tout de suite la bande d'arrêt d'urgence. Roulez ensuite à petite vitesse jusqu'à la prochaine aire de stationnement. Vous serez alors bien en sécurité pour changer votre roue.

Si vous ne savez pas où se trouvent les ustensiles de dépannage (cric, manivelle, démonte-enjoliveur), reportez-vous à votre carnet d'entretien. Les emplacements de ces outils sont souvent dans le coffre arrière sous le tapis, parfois à l'intérieur de la roue de secours, mais on ne peut pas en faire une généralité.

Si vous n'arrivez pas à démonter les écrous de roue, il vous reste la solution de la bombe anticrevaison.

UNIROYAL

LES USURES ANORMALES DES PNEUS

FAITES VOTRE DIAGNOSTIC PUIS ADOPTEZ LES BONS REMÈDES

□ LES REMÈDES DE L'AUTOMOBILISTE

UNE BONNE PRESSION DE GONFLAGE POUR REMÉDIER AUX ANOMALIES DUES AU :

SOUS-GONFLAGE

Usure très accentuée sur les bords de la bande de roulement.	Pression de gonflage insuffisante pour : - conduite normale, - surcharge, - conduite sportive.	Fatigue de la carcasse, échauffement, risque d'éclatement et de déjantage.

A LA PRESSION "NORMALE" AJOUTER 200 G. EN CAS DE SURCHARGE OU DE CONDUITE RAPIDE SUR AUTOROUTE. ÉVENTUELLEMENT PLUS, EN CAS DE CONDUITE TRÈS SPORTIVE.

SUR-GONFLAGE

Usure très accentuée au centre de la bande de roulement.	Pression de gonflage excessive ou jante trop étroite.	Usure trop rapide, mauvaise tenue de route, confort détérioré.

LES PRESSIONS SONT DONNÉES À FROID (véhicule ayant roulé moins de 3 km). APRÈS ROULAGE LES PRESSIONS SONT NORMALEMENT PLUS ÉLEVÉES DE 200 À 300 G.
NE JAMAIS DÉGONFLER À CHAUD LORS D'UNE VÉRIFICATION.
SE CONTENTER D'ÉQUILIBRER SUR LA PRESSION LA PLUS ÉLEVÉE.

□ LES REMÈDES DU SPÉCIALISTE

UN RÉGLAGE CORRECT DU TRAIN AVANT POUR REMÉDIER AUX ANOMALIES DUES À UN :

PARALLÉLISME DÉFECTUEUX

Usure très irrégulière sur un côté de la bande de roulement. Bavures de gomme : "Usure en dents de scie".	Réglage du train avant défectueux. Défaut de parallélisme.	Usure trop rapide. Vibrations. Tenue de route détériorée. Fatigue de la carcasse.

CARROSSAGE DÉFECTUEUX

Usure régulière très accentuée sur un côté de la bande de roulement.	Réglage défectueux du train avant. Défaut de carrossage avant ou arrière. Suspension avachie.	Usure trop rapide. Mauvaise portée du pneu. Tenue de route détériorée. Fatigue de la carcasse.

UN BON RÉGLAGE DE TRAIN AVANT EST UN ÉLÉMENT PRIMORDIAL POUR LA LONGÉVITÉ D'UN PNEUMATIQUE.
IL DOIT ÊTRE FAIT CHEZ UN SPÉCIALISTE À INTERVALLE RÉGULIER, OU APRÈS UN INCIDENT OU ACCIDENT.

UNE VÉRIFICATION DES ÉLÉMENTS DE LA LIAISON SOL POUR REMÉDIER AU :

SHIMMY (balourd)

Usure localisée. Méplat. Usure en vague, en facette.	Mauvais équilibrage, jante mal centrée ou pneu mal centré sur la jante. Coup de frein brutal. Amortisseurs défectueux. Jeu dans la direction.	Vibrations dans le volant ou dans la caisse. Usure prématurée des pneus.

UN BON ÉQUILIBRAGE DOIT SE FAIRE : D'ABORD ROUES DÉMONTÉES AV & AR, SUR UNE ÉQUILIBREUSE. ET ÉVENTUELLEMENT, AVEC UNE FINITION ROUES MONTÉES SUR LE VÉHICULE EN CAS DE PERSISTANCE DES VIBRATIONS.

Bombe anti-crevaison.

Qu'est-ce qu'une bombe anticrevaison ?

C'est un aérosol qui contient un produit, de la mousse de latex, qui rebouche le trou, et un gaz propulseur qui regonfle le pneu. Il vous évite de remplacer votre pneu par la roue de secours et vous permet, sans vous salir les mains, de vous rendre chez le garagiste qui vous fera la réparation.

Les précautions d'emploi

La bombe anticrevaison ne doit s'appliquer que pour des crevaisons situées uniquement sur la bande de roulement du pneu. Son utilisation n'est pas appropriée si les flancs sont déchirés, en cas de roulage à plat prolongé et lors des températures extérieures en dessous de zéro.

Comment faire ?

Suivez précisément le mode d'emploi inscrit sur l'aérosol. En général, avancez ou reculez la voiture pour que la valve soit en haut du pneu. Dégonflez complètement le pneu. Vissez l'embout sur la valve du pneu et pressez sur l'aérosol. Certains s'utilisent tête en bas et d'autres tête en haut. Injectez le produit d'un seul coup et roulez immédiatement.
Pour permettre au produit de bien se répartir à l'intérieur du pneumatique, il est conseillé de rouler à vitesse réduite pendant environ 20 km, jusqu'au prochain garage.
Prévoyez un aérosol de 300 ml pour une petite berline, et de 400 ml pour des pneus de largeur supérieure à 175 mm.
Il existe une dizaine de marques de produits dans les centres-autos et grands magasins. Les prix s'étalent de 5 à 10 euros.

Que fait-on des vieux pneus ?

En France, les 22 millions de voitures et 3 millions de camions produisent chaque année 260 000 t de pneus usés, dont la plus grande partie est mise en décharge. Sachant que 3 t de pneus ont un pouvoir calorifique équivalant à 2 t de fioul, on se demande pourquoi il existe encore des montagnes de vieux pneus ! En réalité, tout n'est pas aussi simple, car la combustion des pneus pose quelques problèmes techniques, dont le dégagement de CO_2 et de nombreux gaz toxiques. Ces inconvénients sont en passe d'être résolus, avec l'installation, dans la cimenterie Lafarge de La Malle dans les Bouches-du-Rhône, d'un four à brûler les pneus qui absorbe 10 000 t par an et permet d'économiser 10 % de l'énergie consommée par la cimenterie. Cet exemple de recyclage n'est pas le seul et un nouveau procédé a été mis au point par une entreprise suisse, qui refroidit les pneus jusqu'à – 80 °C. À cette température, le caoutchouc se vitrifie et devient cassant. Les trois éléments constituant le pneu (caoutchouc, acier, textile) sont facilement dissociables et les fragments de caoutchouc ainsi obtenus sont alors broyés et transformés en granulats. Ce matériau est ensuite utilisé pour la fabrication des pistes d'athlétisme, des murs de protection antibruit et pour diverses applications autoroutières et industrielles.

LE CONTROLE TECHNIQUE

Depuis le 1er janvier 1992, la réglementation rend obligatoire un contrôle technique périodique des automobiles selon leur âge. Cette mesure a pour objet de permettre aux véhicules d'offrir une plus grande sécurité pour l'ensemble des usagers de la route, quand on sait que dans 1 accident sur 5, le mauvais entretien du véhicule est un facteur aggravant. Le contrôle technique permet également, et c'est très important, de faire prendre conscience aux propriétaires de l'état de leur véhicule.

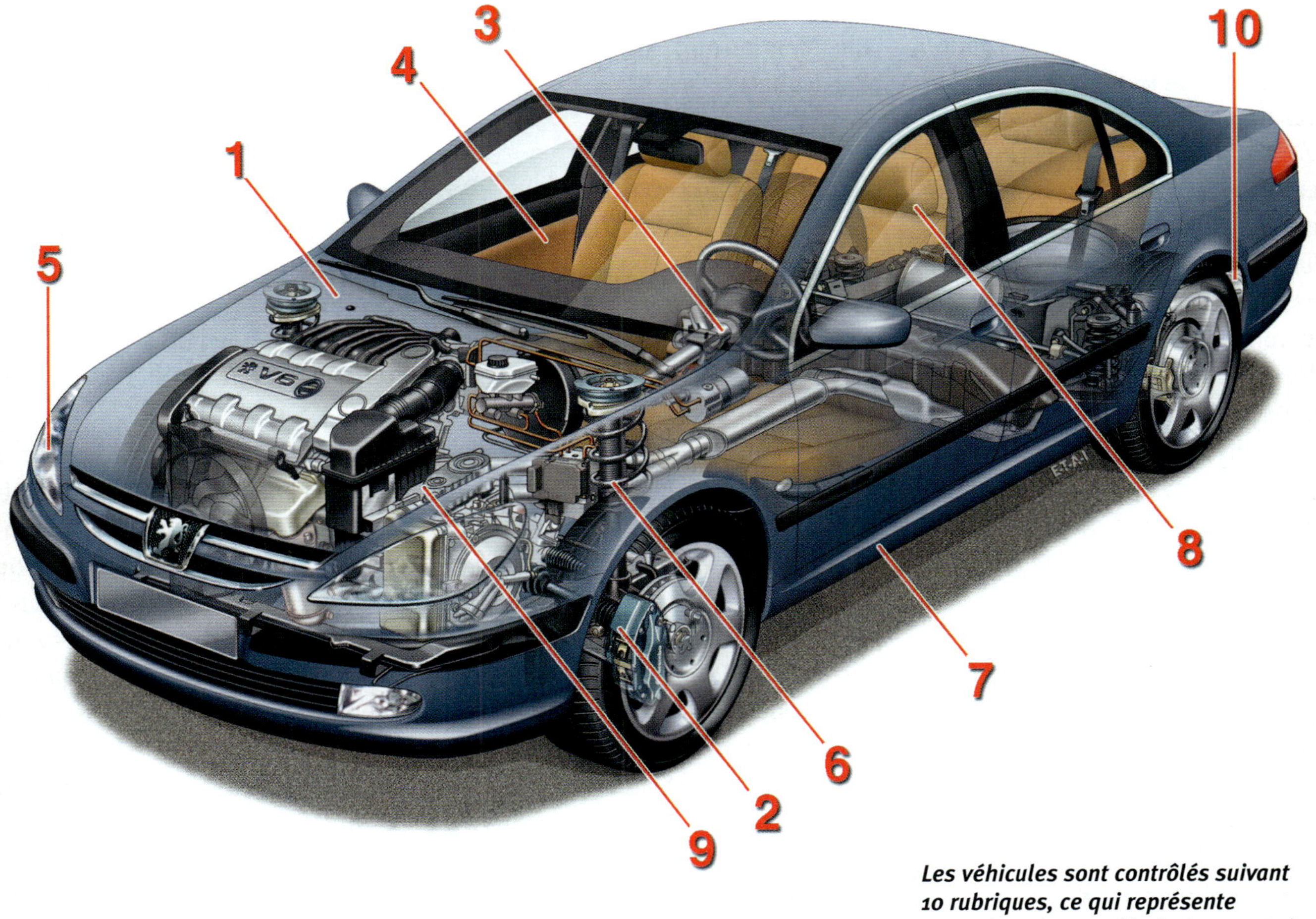

Les véhicules sont contrôlés suivant 10 rubriques, ce qui représente 125 points de contrôle (voir page 80).

En quoi consiste le contrôle technique ?

Le contrôle technique est un véritable examen de sécurité pour votre véhicule. Il doit se faire sans aucun démontage, soit par un simple contrôle visuel, soit avec l'aide d'appareils de mesure.
Les opérateurs doivent vérifier les organes vitaux et de sécurité de votre voiture, à travers 125 points de contrôle regroupés en 10 fonctions. Depuis le 1er janvier 2003, parmi ces 125 points, 68 points sont soumis à l'obligation de réparation en cas de non-conformité et à une contre-visite pour vérification (voir la liste placée en fin de chapitre, pages 80 à 82).
ATTENTION : En aucun cas, un contrôleur ne peut intervenir sur votre véhicule, même pour une intervention bénigne. Cette interdiction est pour vous un gage de sérieux et d'objectivité.
Exemple : Si une ampoule de phare de votre véhicule est défaillante lors d'un contrôle technique, et si vous en possédez une de secours, le contrôleur refusera de remplacer l'ampoule défectueuse. Le technicien est là pour constater et non pour réparer. Si le technicien est compréhensif et que vous êtes capable de changer l'ampoule sur-le-champ, tant mieux. Sinon, vous en serez quitte pour une contre-visite.

Le technicien du contrôle technique ne fait que constater les éventuels défauts. Il ne fait aucun démontage et aucun remplacement de pièce.

Quels véhicules sont concernés ?

Toutes les voitures particulières et les véhicules utilitaires légers, dont le PACT (Poids total autorisé en charge) est inférieur ou égal à 3,5 t et dont la rubrique "genre" sur la carte grise porte une mention autre que VP (Véhicule Particulier).

Quand doit-on présenter son véhicule au contrôle ?

Ce contrôle doit avoir lieu 4 ans après la date de première mise en circulation de votre véhicule. Cette date de première mise en circulation est indiquée en haut à droite sur votre carte grise.
Ce contrôle devra être répété ensuite, tous les deux ans.
Pour les utilitaires légers et assimilés (CTTE, VASP, VTSU...) de plus de 4 ans, dont les camping-cars, un contrôle complémentaire "antipollution" et "identification" doit avoir lieu tous les ans, entre le 10e et le 12e mois après le contrôle technique complet obligatoire.
ATTENTION : Le contrôle technique tous les deux ans, et le contrôle complémentaire tous les ans pour les utilitaires légers, après les 4 ans anniversaires de mise en circulation, sont à votre initiative. N'attendez pas une convocation envoyée par la Poste !

Et en cas de changement de propriétaire ?

Si le véhicule que vous vendez a plus de 4 ans, vous devez obligatoirement fournir à l'acquéreur un procès-verbal de contrôle datant de moins de 6 mois. Ainsi, l'acheteur sera informé de l'état du véhicule. Si vous avez passé le contrôle technique il y a plus de 6 mois, vous devez le repasser à nouveau.
REMARQUE : Cette procédure n'est pas obligatoire si vous vendez votre voiture à un professionnel.
La carte grise ne sera délivrée par la préfecture que sur présentation de l'attestation de conformité.

Que se passe-t-il lors de cette visite de contrôle technique ?

- Si l'état de votre véhicule est satisfaisant, c'est-à-dire si le contrôleur a constaté que votre véhicule ne possède aucun défaut soumis à contre-visite, il vous remet un procès-verbal de conformité, où sont mentionnés les résultats des relevés effectués, et éventuellement des remarques. Il appose une vignette sur le pare-brise de votre voiture indiquant jusqu'à quelle date le contrôle est valable et colle sur votre carte grise un timbre mentionnant la lettre "A", signifiant "accepté", et la date de votre prochain contrôle.
- Si l'état de votre véhicule n'est pas satisfaisant, c'est-à-dire si le contrôleur a détecté des défauts nécessitant une réparation obligatoire, il vous remet un procès-verbal où sont signalés ces défauts. Il colle sur votre carte grise un timbre mentionnant la lettre "S" signifiant "sursis", la lettre "R" si le véhicule est non roulant. Vous avez alors deux mois pour faire les réparations nécessaires et repasser une contre-visite.

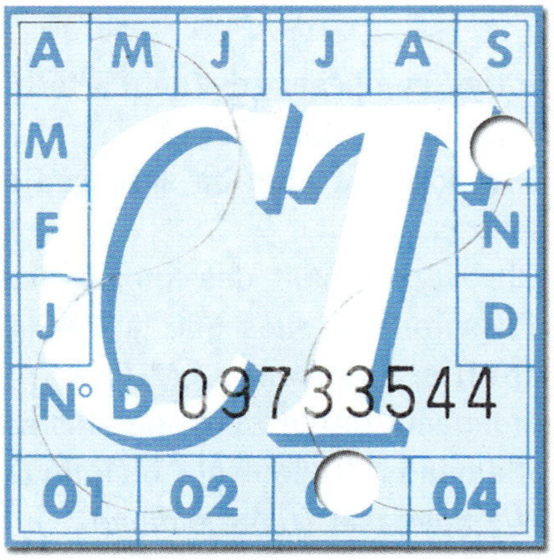

Vignette apposée sur un pare-brise après un contrôle technique. Le contrôle était valable jusqu'en octobre 2003.

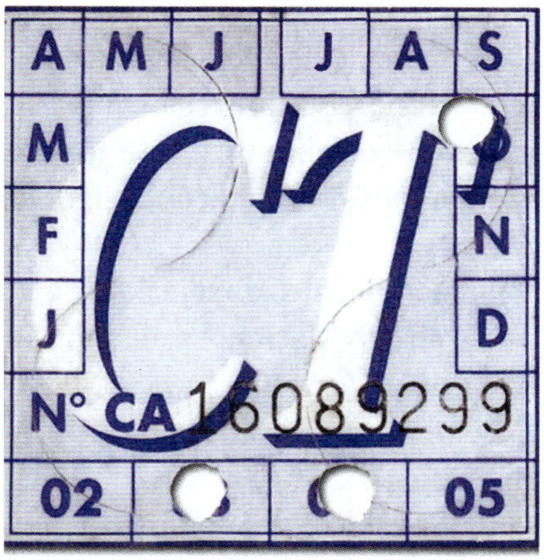

Vignette apposée sur un pare-brise après le contrôle complémentaire d'octobre 2002. C'est pour cette raison que la vignette est poinçonnée deux fois. Le contrôle technique était valable jusqu'en octobre 2003.

Qu'est-ce que le contrôle complémentaire ?

Seuls les utilitaires légers et assimilés (dont les camping-cars) sont concernés. Il a lieu tous les ans et consiste en un contrôle de "l'identification du véhicule" et un "contrôle antipollution".

- L'identification du véhicule est un contrôle de correspondance entre le numéro inscrit sur le châssis et celui inscrit sur la carte grise, et entre les caractéristiques du véhicule annoncées par le constructeur à l'origine avec celles indiquées sur la carte grise.
- Le contrôle antipollution est une mesure des gaz d'échappement.

Ce contrôle complémentaire se déroule dans les mêmes centres que ceux du contrôle technique, selon les mêmes modalités.

Après la visite, un procès-verbal est établi pour valider le contrôle antipollution, portant la mention "visite complémentaire" et une vignette est apposée sur le pare-brise.

En cas de non-conformité, vous disposez de deux mois également pour faire régler votre moteur et présenter à nouveau votre voiture à une contre-visite.

Quels sont les points principaux difficilement repérables impliquant une obligation de réparation et donc une obligation de passer une contre-visite ?

Le système de freinage

Quatre points sont soumis, en cas de défaut, à une contre-visite. Ils concernent tout ce qui touche au déséquilibre de freinage entre roues d'un même essieu et ce qui concerne l'efficacité globale du véhicule. Ainsi, le déséquilibre de chaque essieu doit être inférieur à 30 %. Quant à l'efficacité globale du véhicule particulier, elle doit être supérieure à 50 % pour les véhicules dont la date de 1re mise en circulation se situe après le... 1er janvier 1956 ! (avant cette date, c'est 35 %). Cette valeur est calculée en faisant le rapport entre la somme des efforts de freinage mesurés sur chacune des quatre roues et le poids du véhicule.

L'efficacité de freinage du frein de stationnement doit être supérieur à 18 %.

À noter que le déséquilibre en frein de stationnement n'est pas sanctionné par une contre-visite.

Dans les points 012, 013, 014, 015, 016 (voir tableau 1 ci-après), il s'agit du contrôle des fuites et de l'état général des canalisations sur le circuit de freinage, tout particulièrement si les flexibles sont usés, craquelés, si le maître-cylindre fuit, etc.

Les points 010, 018, 019 s'appliquent au contrôle du frein de stationnement (ou frein à main). Le levier de frein à main peut être cassé, l'axe grippé, les câbles coupés, etc.

L'éclairage et la signalisation

Douze points défaillants sont soumis à une contre-visite. Les points 048 et 049 déterminent l'état des fixations des projecteurs. Si vos feux sont mal réglés, si une lampe n'éclaire plus, si les fixations sont déformées ou si une glace de projecteur est cassée, vous serez bon pour une autre visite.
Les autres points concernent l'état et la fixation des clignotants, feux stop, feux de position, sans oublier l'éclairage de la plaque d'immatriculation. Une seule lampe défaillante, un cabochon dont il manque un morceau, un catadioptre disparu, un feu arrière recouvert d'un vernis coloré non autorisé, tout ceci est sanctionné.
Il faut noter que si les feux de détresse ne fonctionnent pas, le triangle de présignalisation est obligatoire. Son absence vous coûtera un achat obligatoire et une contre-visite.

Les pneumatiques

- La taille des pneumatiques devra être conforme aux préconisations des constructeurs.
- Les structures doivent être identiques à droite et à gauche. Tous les pneumatiques sont en général à structure radiale.
- La profondeur des sculptures devra être de 1,6 mm minimum.
- La différence d'épaisseur de gomme entre deux pneus d'un même essieu ne devra pas excéder 5 mm.
- Toutes coupures, craquelures, hernies sur les flancs, donneront obligation au propriétaire d'effectuer le changement du pneu défaillant.

La pollution

Pour les véhicules dont la date de 1re mise en circulation est comprise entre le 1er octobre 1972 et le 30 septembre 1986, le CO doit être inférieur à 4,5 %.
Pour les véhicules dont la date de 1re mise en circulation est comprise entre le 1er octobre 1986 et le 31 décembre 1996, le CO doit être inférieur à 3,5 %.
Pour les véhicules dépollués dont la date de première mise en circulation se situe à partir du 1er janvier 1997, le CO doit être inférieur à 0,5 % au ralenti normal et inférieur à 0,3 au ralenti accéléré et le lambda compris entre 0,97 et 1,03.
Pour les véhicules Diesel mis en circulation après le 1er janvier 1980, l'opacité des fumées en accélération libre ne doit pas excéder 2,5 m-1 pour les moteurs atmosphériques et 3,0 m-1 pour les moteurs turbocompressés.

Qu'en est-il de la contre-visite ?

La contre-visite doit se faire dans les deux mois qui suivent la visite initiale du contrôle technique.
Si ce n'est pas le cas, le propriétaire devra repasser un contrôle complet qui lui sera facturé au prix habituellement pratiqué par le centre.
Pour réaliser cette contre-visite, le procès-verbal de la visite initiale doit être présenté au contrôleur. Lors de cette contre-visite, seule l'identification et les points qui ont fait l'objet d'une réparation obligatoire seront contrôlés.
Par exemple : Si un véhicule ne possédait comme défaut que des flexibles de frein fissurés lors de la visite initiale, seuls les nouveaux flexibles de frein seront contrôlés lors de la contre-visite, avec l'identification du véhicule bien sûr.
De même, seule la vérification antipollution, lors du contrôle complémentaire annuel, sera faite pour les véhicules utilitaires légers.
Après cette contre-visite, le contrôleur appose un nouveau timbre à la place de celui qu'il a collé lors de la visite initiale. Celui-ci porte alors la mention "A" et la date limite du prochain contrôle.
La contre-visite peut être effectuée dans un centre de contrôle autre que celui de la visite initiale. Dans tous les cas, conservez votre procès-verbal avec vos papiers de voiture. Si un défaut ne nécessitant pas de réparation obligatoire est détecté, il est de votre initiative et de votre responsabilité d'y remédier le plus rapidement possible pour votre sécurité.

Quels sont les centres de contrôle ?

Ils sont regroupés en cinq réseaux et quelques indépendants pour couvrir les besoins nationaux.

AUTOSUR

Société européenne de contrôle technique automobile (SECTA).
Elle possède plus de sept cents centres.
Elle est partenaire des compagnies d'assurances telles que la MACIF, Abeille Assurance, AGF, AXA, Groupama, UAP, et deux spécialistes allemands du contrôle technique *TÜV Bayern* et *TÜV Rheinland*.

AUTOVISION
CONTROLE TECHNIQUE AUTOMOBILE

Association française des centres de contrôle technique automobile. Elle a passé un accord de partenariat avec le Comité interministériel de la Sécurité routière.
Elle possède plus de sept cents centres.

CENTRE AUTO SECURITE

Société CECOMUT. Elle fait partie de la MAAF et possède plus de huit cents centres.

DEKRA

Société Dekra-Véritas SA. Elle est le résultat du regroupement en 1994 de la société Dekra SA et Véritas Auto SA.
Elle possède mille cinq cents centres.

SÉCURI TEST

Société Sécuritest SA. Elle est partenaire des Mutuelles du Mans, d'Assu 2000, d'Auto Plus, du Crédit Agricole, etc. Elle possède huit cent trente centres spécialisés.

Les indépendants

Il s'agit de deux cents centres environ. Il existe donc en tout environ quatre mille sept cents centres, dont l'agrément identifiable par un panneau officiel est donné directement par le préfet de région.

Que se passe-t-il si vous ne faites pas contrôler votre véhicule ?

Vous pouvez être sanctionné dans les quatre cas suivants :

- Votre véhicule a plus de 4 ans et vous n'avez pas passé le contrôle technique.
- Vous avez présenté votre véhicule au contrôle technique, mais vous n'avez pas effectué la contre-visite dans les deux mois réglementaires suivant la visite initiale.
- Votre véhicule a déjà passé le contrôle technique, mais un délai de plus de deux ans s'est écoulé depuis ce contrôle.
- Vous n'avez pas présenté votre véhicule utilitaire léger à la visite complémentaire avant les douze mois qui suivent la visite initiale du contrôle technique.

Vous êtes passible d'une amende de 135 euros pouvant être majorée jusqu'à 760 euros en cas de non-paiement. Votre carte grise peut vous être retirée avec l'établissement par les autorités d'une fiche provisoire de circulation valable huit jours. Vous avez alors une semaine pour passer le contrôle technique.
Enfin, votre véhicule peut être conduit à la fourrière, avec amende pour la retirer.

Combien de temps dure un contrôle technique et quel est son coût ?

- Quarante-cinq minutes environ entre la prise en charge du véhicule et la remise de l'attestation.
- Pour un contrôle technique, le tarif n'est pas fixé et se trouve soumis aux lois de la concurrence. Généralement, il se situe aux environs de 50 euros. Cependant, en fonction de la conjoncture, il est possible de trouver des centres dont les tarifs sont soit supérieurs soit inférieurs.
- Pour une contre-visite, le tarif est, là encore, variable suivant les centres et l'importance de la contre-visite. En règle générale, si un contrôle visuel est seulement nécessaire (pour contrôler la disparition d'une fuite par exemple), ce sera gratuit. Si la contre-visite nécessite l'utilisation d'un banc ou si le contrôle concerne plusieurs points, la facture pourra se situer entre 5 et 16 euros. Cependant, beaucoup de centres pratiquent la gratuité de la contre-visite comme argument publicitaire.
- Pour la visite complémentaire, il vous en coûtera en moyenne 20 euros.

Quelques conseils avant de passer une visite

Avant de vous rendre au rendez-vous, imaginez que vous allez présenter votre voiture à son fiancé ! Soignez sa tenue.

Les feux

Placez-vous devant une vitrine par exemple et assurez-vous que tous les feux fonctionnent. À l'occasion, faites-vous aider par votre conjoint, votre enfant ou votre voisin. Si par mégarde une lampe était défectueuse, remplacez-la et si un verre est cassé ou un fusible défectueux, changez-les.

Le pare-brise

Nettoyez bien le pare-brise et les autres vitrages de votre voiture. Faites changer le pare-brise s'il possède une fêlure supérieure à 30 cm.

Si c'est seulement un éclat, profitez de cette occasion pour passer chez le réparateur de pare-brise. En peu de temps, il vous aura réparé votre éclat et vous pare-brise sera comme neuf.
Vérifiez le bon fonctionnement des balais d'essuie-glace et des gicleurs du lave-glace, ainsi que le bon remplissage de la réserve de lave-glace.

Les pneumatiques

Contrôlez l'usure de vos pneumatiques, il doit rester environ 3 mm de profondeur de sculpture, même si les témoins d'usure ne font que 1,6 mm. Vérifiez leur état (déformation, entailles, craquelure...) et changez-les si besoin, car, de toute façon, ces remises en état devront être faites après la visite. Vérifiez la pression sans oublier la roue de secours (voir chapitre sur les pneus).

Les freins

N'hésitez pas à faire fonctionner vos freins sur le trajet. Lorsque les freins sont chauds, ils sont plus efficaces et, surtout, les relevés réalisés lors du contrôle sont plus homogènes. Les dissymétries apparaissent le plus souvent avec des garnitures ou plaquettes froides.
Si vos freins ont été refaits récemment, il est recommandé de faire au moins 100 km en utilisant les freins régulièrement, avant de vous présenter au centre de contrôle. Les éléments neufs du système ont besoin de se mettre en place et de se roder avant d'être efficaces. En effet, une mince pellicule protectrice recouvre en général plaquettes et garnitures.

Les fuites moteur

Quand vous quittez votre place de parking, vérifiez qu'il n'existe pas de trace d'huile sur le sol. Ce serait le signe d'une fuite d'huile moteur ou de boîte ou encore de carburant.

L'avertisseur sonore

Vérifiez-en le bon fonctionnement.

Le pot d'échappement

Vérifiez qu'il soit correctement fixé et non percé.

Les plaques d'immatriculation

À l'avant comme à l'arrière, elles doivent être correctement fixées et bien lisibles.

Les pare-chocs

Vérifiez les fixations. Si l'un d'eux est endommagé, n'hésitez pas à le changer.

Que faire en cas de litige ?

Dans chaque centre, les contrôleurs ont la consigne de régler à l'amiable tout litige pouvant exister avec les propriétaires des véhicules. Une affiche indiquant les voies de recours, ainsi que les coordonnées des personnes à contacter en cas de litige (tant au niveau local que national), doit être apposée dans le centre. Dans certains réseaux, ces informations sont données personnellement à chaque client.

Exemple d'analyse d'un procès-verbal

Il s'agit d'un véhicule de type Golf II de 1988.
Six remarques ont été émises, mais aucune ne nécessite une contre-visite malgré l'importance apparente des défauts notés.
Il s'agit d'un véhicule turbo Diesel de 339 078 km ! Les trois dernières valeurs d'antipollution relevées sont inférieures à 3 m-1, le véhicule répond donc aux normes.
En ce qui concerne le freinage :

- Le déséquilibre de freinage de chaque essieu est de 8 % et 16 %, donc inférieur à 30 %, ce qui est correct.
- L'efficacité globale ou taux de frein de service est de 66 %, donc supérieur à 50 %. Le freinage est satisfaisant.
- L'efficacité du frein de stationnement est de 21 %, donc supérieur à 18 % et donc satisfaisant.

Liste des cent vingt-cinq points de contrôle

Les points en rouge peuvent faire l'objet d'une contre-visite.

1. Identification de la voiture

001 Plaque d'immatriculation
002 Plaque constructeur
003 N° frappe à froid sur le châssis
004 Présentation de la voiture
005 Énergie moteur
006 Nombre de places assises
007 Plaque de tare (Sté/utilitaire)
008 Compteur kilométrique

2. Freinage

009 Frein de service
010 Frein de stationnement
011 Frein de secours
012 Réservoir du liquide de frein
013 Maître-cylindre
014 Canalisation de liquide de frein
015 Flexibles de liquide de frein
016 Correcteur, répartiteur de freinage
017 Pédale de frein de service
018 Commande du frein de stationnement

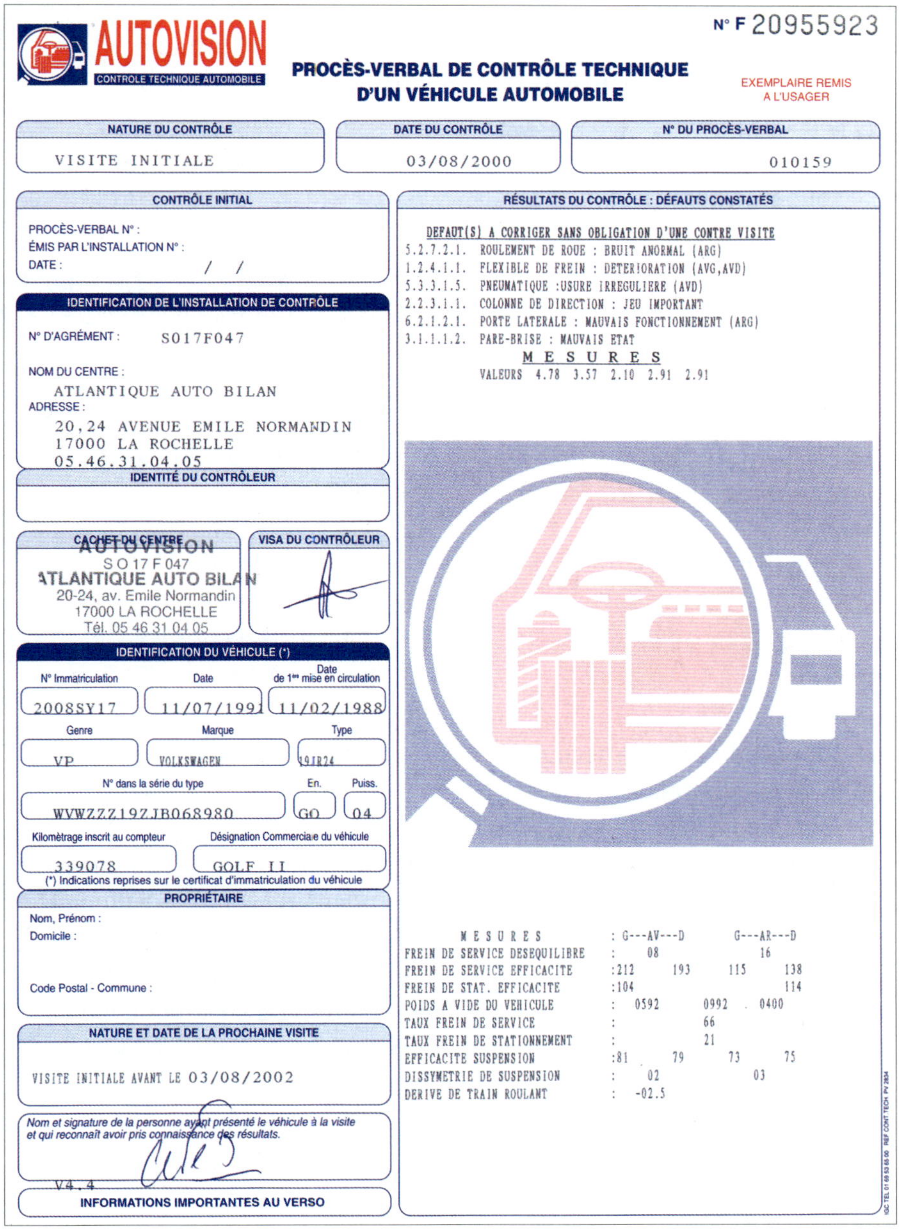

AUTOVISION
CONTROLE TECHNIQUE AUTOMOBILE

PROCÈS-VERBAL DE CONTRÔLE TECHNIQUE D'UN VÉHICULE AUTOMOBILE

N° F 20955923

EXEMPLAIRE REMIS A L'USAGER

NATURE DU CONTRÔLE	DATE DU CONTRÔLE	N° DU PROCÈS-VERBAL
VISITE INITIALE	03/08/2000	010159

CONTRÔLE INITIAL

PROCÈS-VERBAL N° :
ÉMIS PAR L'INSTALLATION N° :
DATE : / /

IDENTIFICATION DE L'INSTALLATION DE CONTRÔLE

N° D'AGRÉMENT : S017F047

NOM DU CENTRE :
ATLANTIQUE AUTO BILAN

ADRESSE :
20,24 AVENUE EMILE NORMANDIN
17000 LA ROCHELLE
05.46.31.04.05

IDENTITÉ DU CONTRÔLEUR

CACHET DU CENTRE

AUTOVISION
S O 17 F 047
ATLANTIQUE AUTO BILAN
20-24, av. Emile Normandin
17000 LA ROCHELLE
Tél. 05 46 31 04 05

VISA DU CONTRÔLEUR

IDENTIFICATION DU VÉHICULE (*)

N° Immatriculation	Date	Date de 1re mise en circulation
2008SY17	11/07/1991	11/02/1988

Genre	Marque	Type
VP	VOLKSWAGEN	19JR24

N° dans la série du type	En.	Puiss.
WVWZZZ19ZJB068980	GO	04

Kilomètrage inscrit au compteur	Désignation Commerciale du véhicule
339078	GOLF II

(*) Indications reprises sur le certificat d'immatriculation du véhicule

PROPRIÉTAIRE

Nom, Prénom :
Domicile :
Code Postal - Commune :

NATURE ET DATE DE LA PROCHAINE VISITE

VISITE INITIALE AVANT LE 03/08/2002

Nom et signature de la personne ayant présenté le véhicule à la visite et qui reconnaît avoir pris connaissance des résultats.

V4.4

INFORMATIONS IMPORTANTES AU VERSO

RÉSULTATS DU CONTRÔLE : DÉFAUTS CONSTATÉS

DEFAUT(S) A CORRIGER SANS OBLIGATION D'UNE CONTRE VISITE
5.2.7.2.1. ROULEMENT DE ROUE : BRUIT ANORMAL (ARG)
1.2.4.1.1. FLEXIBLE DE FREIN : DETERIORATION (AVG,AVD)
5.3.3.1.5. PNEUMATIQUE :USURE IRREGULIERE (AVD)
2.2.3.1.1. COLONNE DE DIRECTION : JEU IMPORTANT
6.2.1.2.1. PORTE LATERALE : MAUVAIS FONCTIONNEMENT (ARG)
3.1.1.1.2. PARE-BRISE : MAUVAIS ETAT

M E S U R E S
VALEURS 4.78 3.57 2.10 2.91 2.91

M E S U R E S : G---AV---D G---AR---D
FREIN DE SERVICE DESEQUILIBRE : 08 16
FREIN DE SERVICE EFFICACITE :212 193 115 138
FREIN DE STAT. EFFICACITE :104 114
POIDS A VIDE DU VEHICULE : 0592 0992 . 0400
TAUX FREIN DE SERVICE : 66
TAUX FREIN DE STATIONNEMENT : 21
EFFICACITE SUSPENSION :81 79 73 75
DISSYMETRIE DE SUSPENSION : 02 03
DERIVE DE TRAIN ROULANT : -02.5

IGC TEL 01 69 53 65 00 REF CONT.TECH. PV 2834

Exemple de procès-verbal de contrôle technique.

019 Câble, tringlerie du frein de stationnement
020 Disque de frein
021 Étrier, cylindre de roue
022 Tambour de frein
023 Plaquette de frein
024 Système d'assistance de freinage
025 Bloc du système ABS et/ou régulation
026 Témoin du système de freinage
027 Témoin niveau liquide de frein
028 Témoin d'usure des plaquettes de frein
029 Témoin du système ABS et/ou de régulation

3. Direction

030 Mesure de l'angle de ripage avant
031 Volant de direction
032 Antivol de direction
033 Colonne de direction
034 Accouplement de direction
035 Crémaillère boîtier de direction
036 Biellette et timonerie de direction
037 Rotule et articulation de direction
038 Relais de direction
039 Assistance de direction

4. Visibilité

040 Pare-brise
041 Autres vitrages
042 Rétroviseur intérieur
043 Rétroviseur extérieur (si obligatoire)
044 Commande de rétro extérieur
045 Essuie-glace avant
046 Lave-glace avant

5. Éclairage et signalisation

047 Mesure des feux de croisement
048 Feux de croisement
049 Feux de route
050 Feux antibrouillard
051 Feux additionnels
052 Feux de position
053 Clignotants
054 Feux de détresse
055 Feux stop
056 3e feu stop
057 Feu de plaques d'immatriculation arrière
058 Feu de brouillard arrière
059 Feu de recul
060 Feu de gabarit
061 Catadioptre arrière
062 Catadioptre latéral (véhicule de + de 6 m)
063 Triangle présignalisation si absence de feux de détresse
064 Témoin de feux de route
065 Témoin de feux de détresse
066 Témoin de feux de brouillard arrière

067 Commande d'éclairage et de signalisation
068 Témoin indicateur de direction

6. Liaison au sol

069 Mesure de la suspension
070 Ressorts - Barres de torsion
071 Sphères - Coussins d'amortisseur
072 Amortisseurs
073 Pivots, fusée de roues
074 Roulements de roue
075 Triangles et tirant de suspension
076 Silentbloc de triangle et Silentbloc de tirant
077 Articulation de train
078 Rotules de train
079 Barre stabilisatrice
080 Silentbloc de barre stabilisatrice
081 Circuit hydraulique de suspension
082 Essieu
083 Roue
084 Jante
085 Pneus

7. Structure et carrosserie

086 Longeron, brancard
087 Traverse
088 Plancher
089 Berceau
090 Passage de roue
091 Longeron extérieur, bas de caisse
092 Infrastructure et soubassement
093 Porte latérale
094 Porte arrière, hayon
095 Capot
096 Aile
097 Pare-chocs et bouclier
098 Pied, montant
099 Caisse
100 Superstructure, carrosserie

8. Équipements

101 Sièges
102 Ceinture de sécurité
103 Klaxon
104 Batterie
105 Support de roue de secours
106 Système d'attelage
107 Témoin mauvais fonctionnement airbag

9. Organe mécanique

108 Moteur
109 Boîte de vitesses
110 Pont - Boîte de transfert
111 Transmission
112 Accouplement, relais de transmission
113 Circuit de carburant
114 Réservoir à carburant
115 Carburateur, injection
116 Pompe à carburant
117 Batterie, accumulateur de traction
118 Collecteur d'échappement
119 Canalisations d'échappement
120 Silencieux d'échappement
121 Réservoir de gaz naturel comprimé

10. Pollution - Niveau sonore

122 Teneur CO et lambda des gaz d'échappement
123 Opacité des fumées d'échappement
124 Bruit moteur
125 Témoin du dispositif de diagnostic embarqué OBD

Depuis janvier 2002, le nombre des points de contrôle a diminué et est passé de 133 à 125. Certaines altérations ayant été regroupées au sein d'une même fonction. Maintenant, le contrôle technique concerne désormais les véhicules électriques et les véhicules au GPL et GNV.

LE SYSTEME DE FREINAGE

La fonction principale du circuit de freinage est de ralentir ou d'arrêter un véhicule suivant les volontés du conducteur. Il s'agit donc d'un système fondamental puisqu'il concerne, au plus haut niveau, la sécurité des passagers. Pour remplir cette fonction, on utilise un des principes de base de la physique : l'énergie ne peut jamais être supprimée et la seule possibilité que l'on ait pour la faire disparaître, est de la transformer. Ainsi, au cours du freinage, le mouvement, donc l'énergie cinétique, va être transformé en chaleur par friction. Il est donc tout à fait normal que les freins chauffent en fonctionnement. Le problème consiste seulement à dissiper cette énergie calorifique. La quantité de chaleur dégagée dépend :

- **des types de matériaux frottant l'un contre l'autre ;**
- **des dimensions des surfaces de frottement ;**
- **de la pression exercée sur ces surfaces ;**
- **de la vitesse des deux pièces en contact.**

Dans le système de freinage, ce sont soit les plaquettes qui frottent sur les disques, soit les garnitures des mâchoires de frein sur les tambours. En effet, il existe deux grandes familles de frein :

- **les freins à disque ;**
- **les freins à tambour.**

UN SYSTÈME DE FREINAGE SE COMPOSE DE :
1. cylindres de frein des roues arrière,
2. mâchoires de frein,
3. correcteur de freinage,
4. pédale de frein,
5. disques de frein,
6. étriers de frein,
7. maître-cylindre et son réservoir.

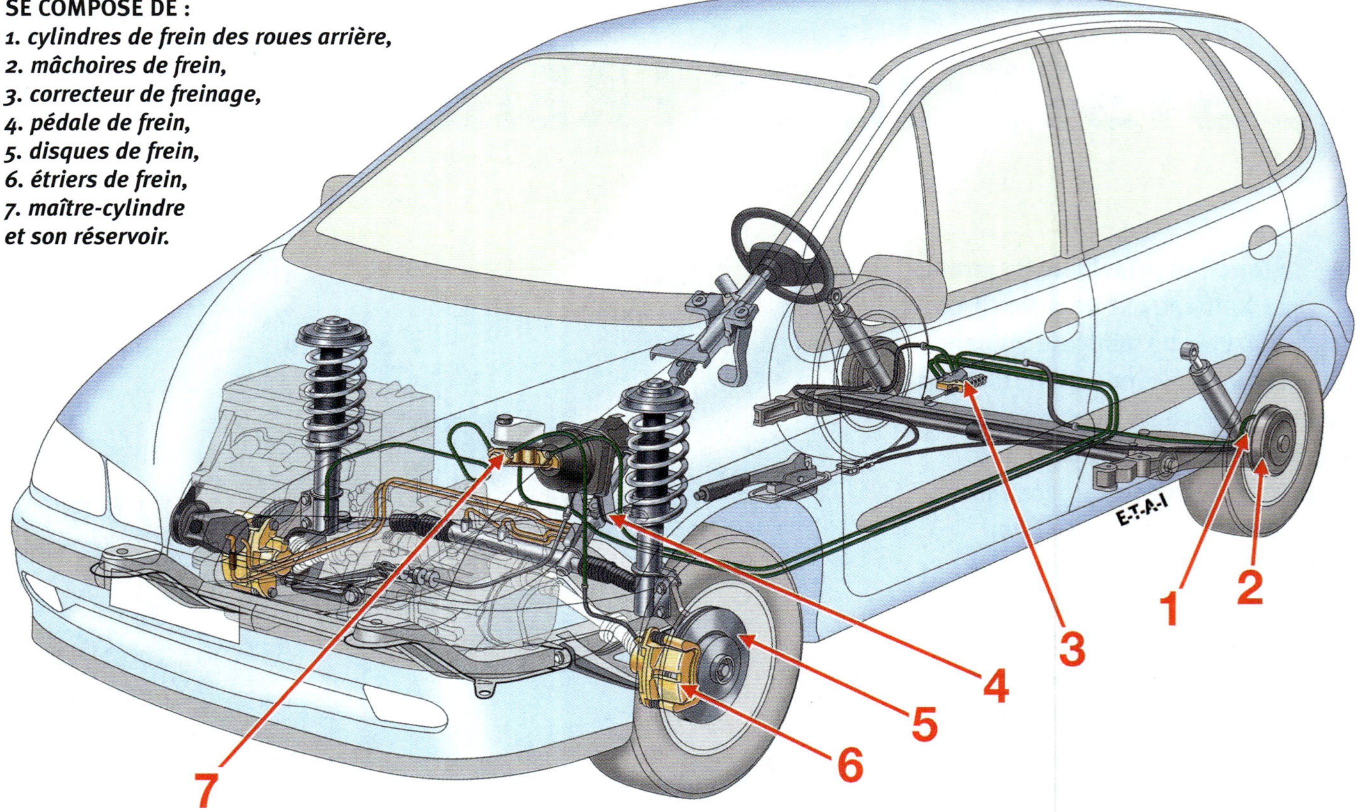

De quoi se compose le système de freinage ?

En règle générale, la majorité des voitures actuelles (véhicules haut de gamme exceptés) possèdent des freins à disque à l'avant et des freins à tambours à l'arrière. On utilise la pression hydraulique pour les actionner. Cette pression est fournie par un maître-cylindre commandé par l'action du conducteur sur la pédale de frein. Certains véhicules sont équipés d'une commande de freinage avec assistance, constituée d'un servofrein à dépression (appelé mastervac), branché sur le collecteur d'admission d'air. Un indicateur de chute de pression renseigne le conducteur sur l'état de la pression dans les canalisations. Quant au correcteur de freinage, son rôle est de diminuer la pression à l'arrière du véhicule par rapport à la pression avant.

Comment fonctionnent les freins à disque et à tambour ?

Les freins à disque

L'action sur la pédale de frein crée une pression hydraulique qui va agir sur les pistons des étriers de frein. Ces pistons vont pousser les plaquettes contre les disques et freiner leur rotation par pincement et frottement. Ces plaquettes, fabriquées dans un matériau plus tendre que les disques, vont s'user progressivement en fonction de leur utilisation.

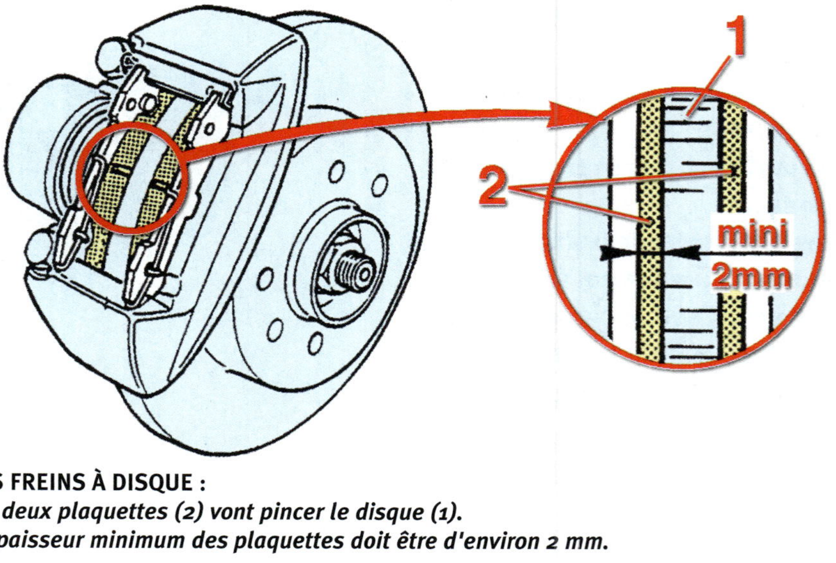

LES FREINS À DISQUE :
les deux plaquettes (2) vont pincer le disque (1).
L'épaisseur minimum des plaquettes doit être d'environ 2 mm.

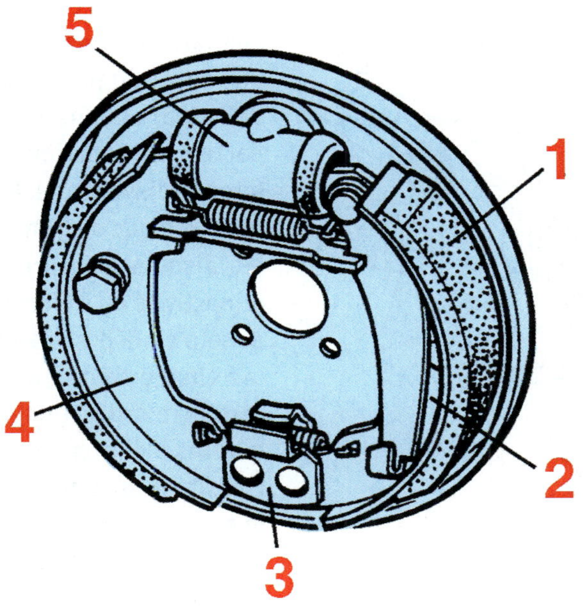

LES FREINS À TAMBOUR :
1. les garnitures, 2. et 4. les mâchoires, 3. le point d'appui, 5. le cylindre de roue.

Les freins à tambour

Sous l'effet de la pression qui règne dans le circuit, les pistons des cylindres de roues arrière repoussent les mâchoires de frein. Les garnitures se plaquent contre les tambours liés aux roues et freinent leur rotation par frottement.

Quelles sont les qualités que l'on attend des plaquettes et des garnitures ?

Les garnitures et les plaquettes doivent :

- résister à la température élevée due au frottement ;
- posséder un coefficient de frottement qui reste stable durant le freinage;
- résister aux efforts mécaniques importants ;
- avoir une dureté bien adaptée ;
- avoir une durée de vie acceptable;
- avoir un faible niveau sonore en fonctionnement ;
- bien transmettre la chaleur.

Quand doit-on vérifier les freins ?

- quand le véhicule freine moins bien ;
- quand le véhicule tire à droite ou à gauche lors d'un freinage ;
- quand le véhicule vibre quand on freine ;
- quand les freins chauffent ou grincent ;
- avant un long trajet ou un départ en vacances ;
- tous les 20 000 km ou tous les ans.

Quels sont les éléments à contrôler ?

Le niveau du liquide de frein

Il doit toujours se situer entre le minimum et le maximum sur le bocal (voir chapitre sur les niveaux).

La qualité du liquide

Il existe des appareils chez les professionnels qui contrôlent la qualité du liquide de frein. Ce contrôle concerne la mesure de la température d'ébullition, qui diminue avec le temps, parce que le liquide absorbe de l'eau. La température d'ébullition du liquide ne doit pas être inférieure à 250 °C, alors que l'eau bout à 100 °C !

Le maître-cylindre

Si vous apercevez une fuite, il faut tout de suite aller voir votre garagiste pour un contrôle. De même, si votre pédale s'enfonce doucement, un des deux circuits de freinage est défaillant ou votre maître-cylindre est défectueux par manque d'étanchéité des joints internes.

Les plaquettes de frein

Si votre véhicule n'est pas équipé de témoin d'usure, un contrôle visuel des plaquettes doit être fait tous les 20 000 km. Si l'épaisseur des plaquettes avoisine les 2 mm, elles sont usées et leur remplacement s'impose. Dans des conditions normales d'utilisation, les plaquettes doivent être changées tous les 30 000 km.

Conseils pour effectuer le contrôle :

Démontez la roue et regardez l'épaisseur de la garniture restant sur le support métallique. Le fond de la rainure vous indique la limite extrême d'usure tolérable. Si vous observez une usure asymétrique, vous êtes en présence d'un problème de grippage ou de mauvais coulissement de l'étrier.

Attention, si vous avez changé vos plaquettes, n'oubliez pas qu'elles se rodent ! Les premiers coups de frein sont peu efficaces et permettent la mise en place des plaquettes. Pour atteindre le maximum de leur efficacité, il faut compter environ 200 km d'utilisation. N'oubliez pas de contrôler également l'usure du disque. La cote limite est gravée sur le bord du disque.

L'usure maximale est de 1 mm sur chaque face environ.
Quand vous remontez la roue, utilisez une clé dynamométrique.

Les disques de frein

Les disques de frein doivent résister à des températures très élevées (800 °C en surface !). La qualité des matériaux qui entrent dans la fabrication des disques influe sur la qualité du freinage ; ce qui justifie la différence de prix. Monter des disques bon marché et de marque inconnue peut se révéler être un calcul dangereux, car leur durée de vie peut être beaucoup plus courte et leur résistance mécanique plus faible. Ils peuvent être la cause de bruit, de vibrations et de mauvais freinage.
Les disques doivent être contrôlés à chaque changement de plaquettes. Ils doivent être changés quand ils ont atteint l'épaisseur minimale, lorsqu'ils sont rayés profondément, fissurés ou voilés.
Lors du changement, il est obligatoire de changer les disques en même temps de chaque côté et de mettre des plaquettes neuves. Après cet échange, le freinage ne sera pas optimal. Ce léger manque d'efficacité peut être compensé par une pression plus forte sur la pédale de frein. Vous devez rouler environ 300 km ou donner trois cents coups de frein pour bien roder vos freins et obtenir un freinage d'une efficacité maximale.

Les freins à tambour

Sur certains freins à tambour, le contrôle des garnitures peut se faire au travers d'un petit trou de visite, mais en général, il est nécessaire et plus pratique de démonter les tambours. Il vaut donc mieux laisser faire un spécialiste.
L'épaisseur des garnitures ne doit pas

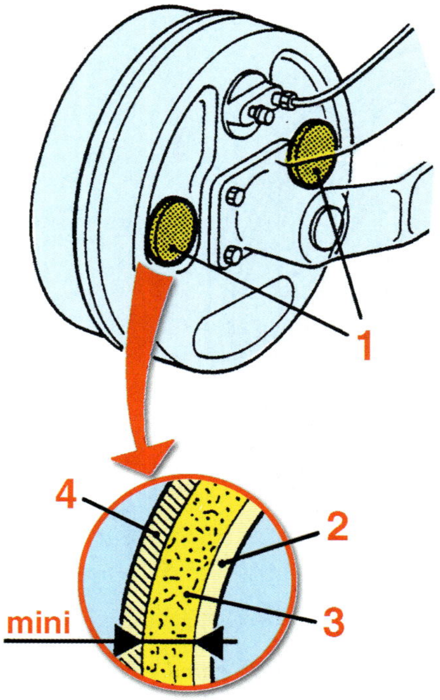

Sur certains freins à tambour on peut contrôler en enlevant les obturateurs (1) l'épaisseur des garnitures (3) comprises entre la mâchoire de frein (2) et le tambour (4).

être inférieure à 1,5 mm. Le contrôle doit être effectué tous les ans ou tous les 20 000 km. Il est conseillé de profiter de la dépose des tambours pour effectuer un dépoussiérage des mâchoires et un contrôle de l'étanchéité des cylindres de roue. Pour ce dernier contrôle, il suffit de soulever légèrement les capuchons en caoutchouc fixés aux extrémités pour se rendre compte d'une fuite éventuelle.

REMARQUE : Lors d'une remise en état des freins à tambour, il est conseillé de tout changer et les professionnels vous proposeront un kit complet pour les deux roues.
Comme pour les disques de frein, après cette réparation, vous allez avoir un manque d'efficacité de votre freinage qui disparaîtra après 300 km ; avant cette distance, évitez de donner des coups de frein brusques.

Dans certaines conditions d'utilisation, un retard peut être enregistré dans l'action des freins, en particulier lors de passages dans des flaques d'eau par temps de pluie ou après un lavage intense du véhicule. En hiver également, lorsque du givre s'est formé sur les disques ou après une période d'inactivité du freinage, une couche de sel s'est déposée sur les garnitures : le freinage peut se produire avec un certain retard, le temps pour les plaquettes d'éliminer ces dépôts.
L'assistance au freinage réalisé par le servofrein ne fonctionne qu'avec la dépression qui n'est fournie que lorsque le moteur tourne. C'est pourquoi lorsque vous devez faire rouler le véhicule sans démarrer, il faut appuyer beaucoup plus fort sur la pédale pour avoir du freinage et compenser le manque d'assistance.

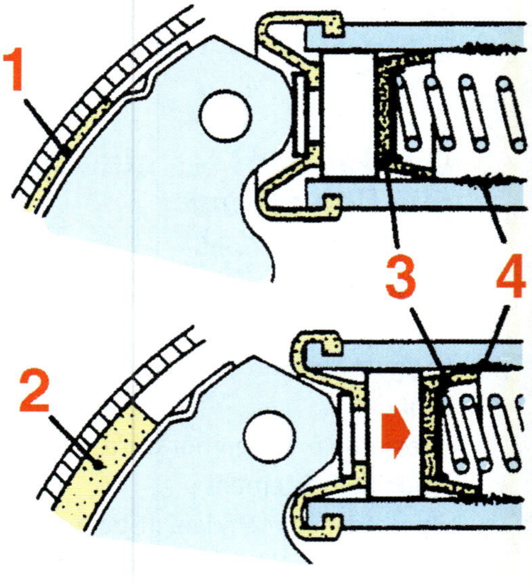

En démontant le tambour des freins, on contrôle :
– si la garniture (1) est usée,
– si l'épaisseur (2) est correcte,
– si il y a une fuite au niveau de la coupelle (3)...
– ... dont la cause serait une zone corrodée (4).

LES AMORTISSEURS

Le rôle des amortisseurs est de freiner en souplesse le mouvement des ressorts de la suspension et de limiter en nombre et en importance les oscillations de la voiture. Les amortisseurs participent à la sécurité par une meilleure tenue de route, due à un meilleur contact de la roue avec le sol, et ils améliorent grandement le confort des passagers.
On peut distinguer deux grandes familles d'amortisseurs :

- les amortisseurs bitubes ;
- les amortisseurs monotubes à gaz.

Il existe cependant de nombreuses variantes en fonction des types de véhicules et de suspensions. Ainsi, par exemple, certains amortisseurs utilisés sur un grand nombre de véhicules à suspension Mac Pherson assurent, non seulement l'amortissement, mais aussi le maintien en position de la roue. L'amortisseur hydraulique, lié à sa partie inférieure aux bras transversaux, possède une coupelle d'appui qui supporte le ressort à boudin. L'ensemble appelé "jambe de suspension" participe donc au guidage de la roue et à la suspension.

Comment fonctionnent-ils ?

Les amortisseurs bitubes

Un piston lié à la carrosserie coulisse à l'intérieur d'un cylindre rempli d'huile. La partie sous le piston communique avec deux chambres, une supérieure (de travail) et une inférieure (de compensation) par des trous calibrés. Lorsque l'amortisseur est sollicité, le passage de l'huile à travers ces trous freine le déplacement de la tige et le débattement du ressort, assurant ainsi l'amortissement.

- En phase compression : l'amortisseur est comprimé par l'oscillation du véhicule. L'huile comprimée est refoulée dans la chambre de compensation. Elle s'écoule à travers la soupape de base qui oppose une résistance à l'écoulement. Le mouvement est freiné dans sa descente. Le clapet du piston est ouvert car il travaille dans ce cas en soupape de retenue.
- En phase détente : l'amortisseur est étiré par l'oscillation du véhicule. La soupape du piston oppose une résistance à l'huile qui essaie de s'échapper de la chambre supérieure. Le mouvement est freiné dans sa montée. La soupape de retenue dans la soupape de base étant ouverte, l'huile nécessaire est aspirée librement de la chambre de compensation.

Les amortisseurs monotubes

Les amortisseurs monotubes fonctionnent sur le même principe que les bitubes : un piston se déplace dans un tube rempli d'huile suivant les sollicitations exercées sur l'amortisseur. Le passage de l'huile à travers des trous calibrés dans le piston provoque un ralentissement du mouvement de la suspension. Contrairement aux précédents amor-

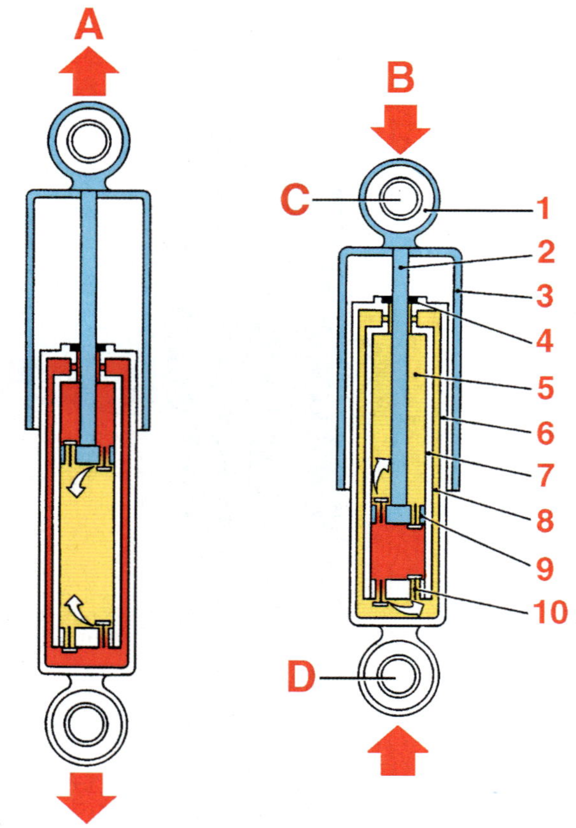

FONCTIONNEMENT D'UN AMORTISSEUR BITUBE : *A. mouvement de détente, B. mouvement de compression, C. liaison avec la carrosserie, D. liaison avec la roue, 1. silentbloc, 2. tige de piston, 3. cache-poussière, 4. joint d'étanchéité, 5. chambre de travail, 6. tube de réserve, 7. tube de travail, 8. chambre de compression, 9. soupape de détente, 10. soupape de compression.*

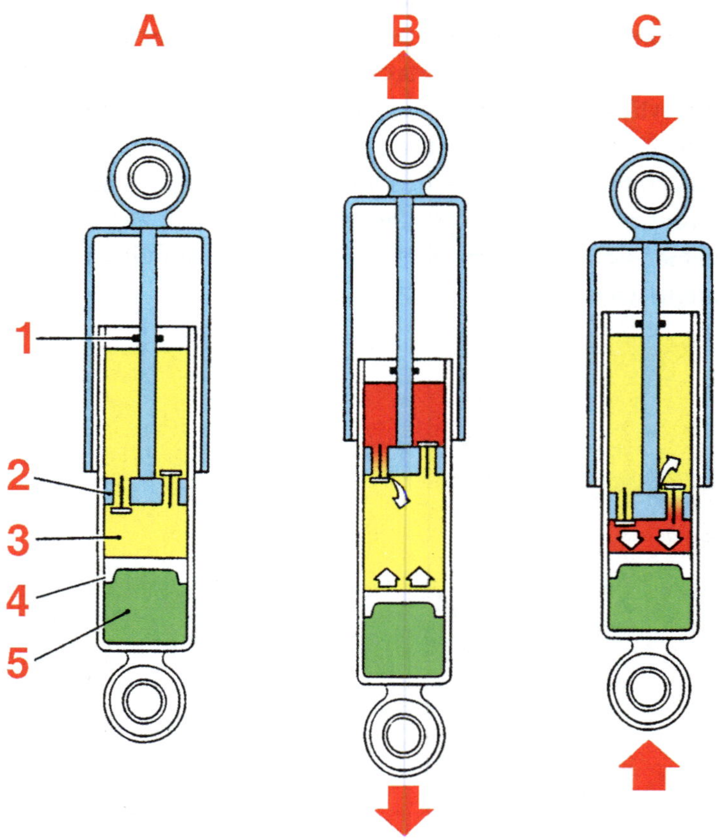

FONCTIONNEMENT DE L'AMORTISSEUR MONOTUBE À GAZ HAUTE PRESSION : *A. au repos, B. mouvement de détente, C. mouvement de compression, 1. joint d'étanchéité, 2. piston de travail, 3. chambre remplie d'huile, 4. piston flottant, 5 gaz.*

tisseurs, une extrémité du tube est composée d'un piston flottant qui sépare l'huile d'une chambre contenant du gaz sous haute pression.

- En phase de compression : l'amortisseur est comprimé par l'oscillation du véhicule. La soupape du piston oppose une résistance à l'huile qui essaie de s'échapper de la chambre située sous le piston et de s'écouler vers le haut. Le mouvement descendant du piston est freiné. La poche de gaz est comprimée en fonction du volume de la tige de piston immergé. C'est la haute pression de l'ordre de 25 à 30 bars qui supporte l'amortissement.
- En phase de détente : l'amortisseur est étiré par l'oscillation du véhicule. La soupape du piston oppose une résistance à l'huile qui essaie de s'échapper de la chambre se trouvant au-dessus du piston et de s'écouler vers le bas. Le mouvement ascendant du piston est freiné. La poche de gaz se détend en fonction du volume de la tige de piston émergé.

Quels sont les avantages des uns et des autres ?

L'amortisseur bitube est encore aujourd'hui le plus employé sur les essieux arrière.

Avantages :

- simplicité de conception ;
- possibilité de réglage de l'amortissement.

Inconvénients :

- bruyant ;
- ne peut travailler que verticalement.

Ce système a été amélioré sur certains modèles sportifs, par injection de gaz basse pression, qui améliore ses caractéristiques.

L'amortisseur monotube tend à se généraliser sur le train arrière des voitures récentes.

Avantages :

- moins volumineux ;
- peut être utilisé en position couchée.

Quels sont les risques encourus avec des amortisseurs usés ?

L'amortisseur assure avec le pneumatique le contact permanent de la roue avec le sol. La tenue de route, le freinage et l'usure des pneus dépendent donc de son état. L'amortisseur participe donc pour une grande part à la sécurité.

Amortisseurs usés ; distance de freinage augmentée

Sur une route sèche et déformée, la distance de freinage peut être aug-

Les amortisseurs usés augmentent la distance de freinage.

mentée de 2,6 m, pour une vitesse de 80 km/h, et de 2,3 m dans un virage à 50 km/h.

Amortisseurs usés ; sorties de route assurées

Les débattements de la suspension provoquent des pertes d'adhérence. La direction devient moins précise, la tenue du cap est plus difficile. En courbe ou par vent latéral, vous avez tout intérêt à ralentir si vous n'êtes pas sûr de vos amortisseurs. On estime que la vitesse de sécurité doit être réduite de 10 % pour des amortisseurs usés à 50 %.
Sur une route mouillée, les risques d'aquaplaning sont amplifiés, alors attention aux sorties de route !

Amortisseurs usés ; pneus rapidement à changer

À chaque fois que la roue sautille, un peu de caoutchouc est arraché avec, comme conséquence, une usure rapide et irrégulière des pneus. La tenue de route devient difficile et peu confortable.

Amortisseurs usés ; fatigue augmentée, danger

Dans des conditions normales de fonctionnement, des amortisseurs défectueux augmentent la fatigue du conducteur. Des études ont montré que son temps de réaction pouvait être prolongé de 26 %.

Comment savoir si les amortisseurs sont défectueux ?

Un constat visuel

Il donne déjà de précieux renseignements sur l'état des amortisseurs. Voici la liste des anomalies les plus fréquentes :

- Les fuites : un amortisseur qui perd de l'huile est un amortisseur défectueux à changer rapidement. Des phénomènes de cavitation apparaissent, entraînant des dysfonctionnements soudains.
- L'état des pneus : les usures irrégulières par facettes des pneus est la caractéristique des amortisseurs fatigués.
- Les fixations : elles peuvent être cassées, déformées. Le Silentbloc ne doit pas être craquelé ou anormalement déformé. Le mauvais état des fixations se traduit par des bruits dans la suspension au freinage, à l'accélération ou lors des passages sur des routes déformées.
- La tige : si elle est oxydée ou déformée, elle entraînera une détérioration rapide des joints et une fuite d'huile.
- Le corps : la déformation du corps

Les amortisseurs usés diminuent la tenue de route.

Les amortisseurs usés augmentent la fatigue au volant.

peut freiner, voire bloquer le coulissement du piston.

La vérification par balancement

Appuyez fortement avec la main sur une aile du véhicule et relâchez brusquement. Un nombre d'oscillations vous donne une indication rapide de l'état de l'amortisseur sollicité. Si le véhicule oscille plus d'une fois, on peut considérer que l'amortisseur est défectueux. Ce diagnostic est cependant insuffisant, car l'appréciation est subjective et dépend des connaissances professionnelles de celui qui procède à ce test.
Le passage sur un banc d'amortisseur est le meilleur contrôle. Les amplitudes de variations de la caisse du véhicule sont enregistrées et comparées à des valeurs limites fixées pour chaque véhicule. Même si ce test ne décèle

LES AMORTISSEURS SONT DÉFECTUEUX ET À CHANGER QUAND APPARAISSENT : *A. des fuites, B. des plats sur les pneus, C. et D. des détériorations au niveau des fixations, E. des traces de grippage sur la tige, F. des traces sur le corps de l'amortisseur.*

pas les influences des autres parties du véhicule, il donne quand même un diagnostic fidèle de l'état des amortisseurs.

Quand doit-on changer les amortisseurs ?

Le drame est que l'amortisseur s'use lentement mais sûrement. Si un défaut important ne se déclare pas, le conducteur ne s'aperçoit pas subitement que ses amortisseurs sont fatigués, jusqu'au jour où il est surpris par un comportement inhabituel de sa voiture. Cette accoutumance est très dangereuse, aussi il est conseillé de faire vérifier votre suspension tous les 20 000 km ou tous les ans, et de changer les amortisseurs tous les 50 000 km.

Un bon diagnostic consiste à appuyer manuellement sur la caisse et à observer les mouvements résultants. Trop d'amplitude, des bruits... les amortisseurs sont à changer.

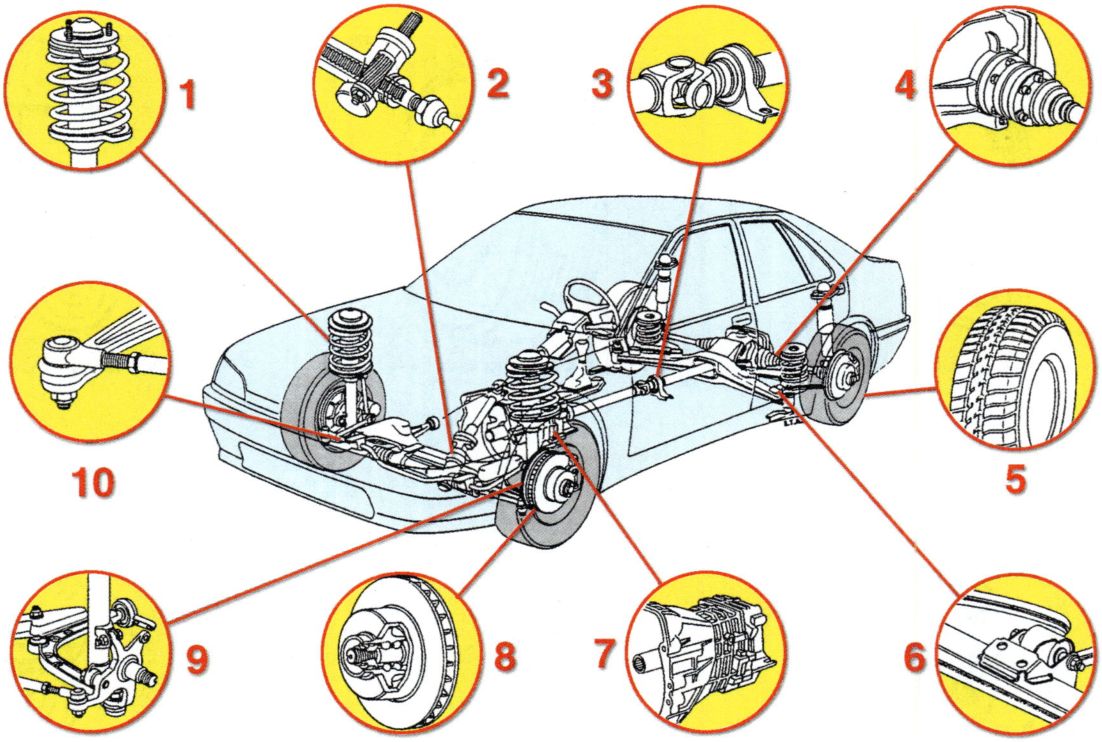

Les amortisseurs en mauvais état augmentent l'usure des autres organes du véhicules en particulier : 1. les ressort de suspension, 2. le boîtier de direction, 3. les transmissions, 4. la liaison transmission/différentiel, 5. les pneumatiques, 6. les silentblocs de suspension, 7. la boîte de vitesses, 8. les roulements de roue, 9. les bras de suspension et de liaison avec la carrosserie, 10. les rotules de direction.

LES POTS D'ÉCHAPPEMENT

Le pot d'échappement est sans aucun doute la pièce la plus connue des automobilistes. Tout le monde est capable de dire où il se trouve sur la voiture et à quoi il sert. Curieusement, c'est une pièce dont la présence est totalement ignorée en utilisation normale, mais son absence devient difficilement supportable. Le bruit occasionné par sa perte ou sa destruction rend très vite son remplacement indispensable. Ce phénomène n'a pas échappé à certains, qui se sont précipités dans le commerce de la rechange avec une réussite remarquable.

Le pot gagnerait-il ses lettres de noblesse ?

Autant pendant de longues années le pot a été associé à la pollution sonore puis ensuite à la pollution atmosphérique, autant maintenant, avec les catalyseurs, il est synonyme d'objet coûteux et précieux, soumis à controverse.

Il est vrai que sa fonction est de plus en plus importante et son rôle double :

- réduire les bruits des gaz d'échappement ;
- réduire les éléments toxiques qui composent ces mêmes gaz.

Comment faire pour atténuer les bruits ?

Jusqu'à ces dernières années, les pots d'échappement appelés silencieux étaient composés de chicanes, très efficaces contre le bruit, mais malheureusement préjudiciables aux performances. Elles introduisaient des contre-pressions qui entravaient l'évacuation des gaz brûlés et réduisaient la puissance disponible. En effet, dès que les soupapes d'échappement des moteurs à essence ou Diesel s'ouvrent, les gaz brûlés, soumis à de très fortes pressions, sont expulsés violemment. Le rôle du système d'échappement est donc d'entraîner ces gaz vers l'arrière du véhicule, en les déchargeant le plus silencieusement de leur énergie.

Ces gaz doivent trouver un minimum de résistance sur leur chemin, mais sont obligés de traverser des pièges pour diminuer les bruits sur leur passage. Un compromis acceptable doit être trouvé par les spécialistes des bureaux d'études des constructeurs, conférant à chaque voiture, pour chaque modèle, un type particulier de système d'échappement. Ces recherches entreprises en acoustique ont permis d'améliorer considérablement le produit et de reléguer le bruit de l'échappement à la troisième, voire à la quatrième place, derrière le rayonnement du moteur, la vibration des accessoires, le fonctionnement du ventilateur de refroidissement et le roulage des pneus sur la chaussée.

L'unité de bruit est le décibel. Le décibel est une unité (dB) permettant de définir une sensation auditive par rapport à une référence prédéterminée. Un niveau en dB est donc calculé à partir des pressions acoustiques suivant une loi logarithmique : N (dB) = 20 log P1/Po.

P1 est la pression acoustique de l'élément sonore considéré.

Po est la pression acoustique de référence (2.10 $^{-4}$ µ bar, seuil d'audibilité pour 1 000 Hz).

EXEMPLES :

Seuil d'audibilité	3
Bruissement de feuilles	20
Pièce "calme"	40
Conversation	60
Orateur	80
Camion	100
Avion à réaction	120
Seuil de douleur	140

Actuellement, la réglementation exige que le niveau sonore ne dépasse pas 77 dB.

Vous avez dit silencieux ?

La ligne d'échappement est un ensemble de tubes chargés de collecter les gaz, et de silencieux pour atténuer les bruits. Elle se compose en général du tube avant, suivi d'un silencieux primaire (ou pot de détente), du tube

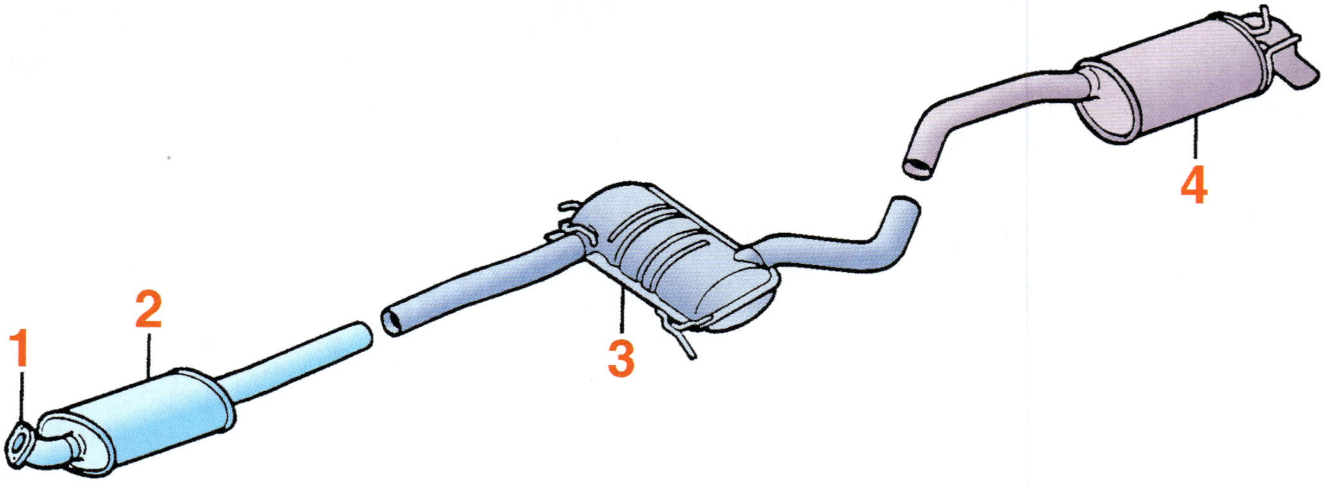

LA LIGNE D'ÉCHAPPEMENT D'UN VÉHICULE ANCIEN SANS SYSTÈME ANTIPOLLUTION :
1. bride de raccordement au collecteur d'échappement du moteur, 2. pot de détente, 3. pot d'échappement, 4. silencieux arrière.

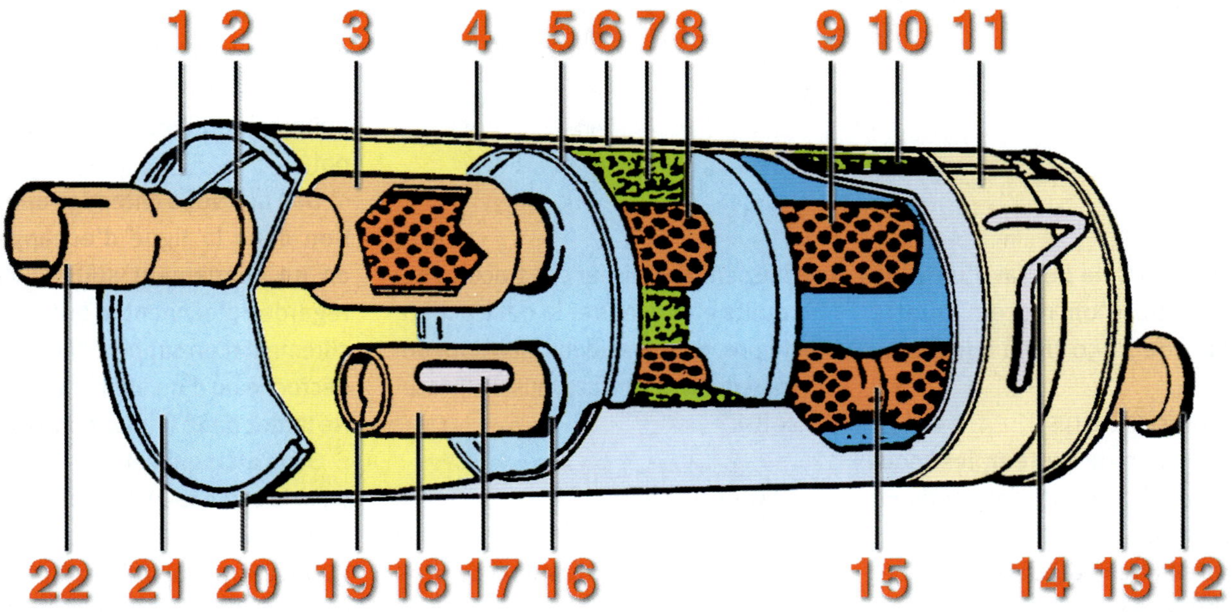

CONSTITUTION D'UN POT D'ÉCHAPPEMENT : *1. renfort du tube, 2. cordon de soudure, 3. résonateur ou sourdine, 4. corps du pot, 5. chicane, 6. enveloppe, 7. laine de roche, 8. tricot métallique, 9. tubulure perforée, 10. agrafage corps enveloppe, 11. collier démontable, 12. cône pour liaison avec le tuyau d'échappement, 13. tube de sortie, 14. patte de fixation, 15. écrasage du tube perforé, 16. assemblage par déformation du métal, 17. lumière, 18. soudure par points, 19. pastille, 20. sertissage, 21. couvercle, 22. tube d'entrée.*

intermédiaire, et ensuite, pour terminer, du silencieux arrière.

Suivant les cylindrées des véhicules, on peut trouver une autre configuration :

- pour les véhicules de petite cylindrée, le pot de détente et le silencieux arrière ont été regroupés en un seul élément ;
- ou inversement pour les véhicules de plus de 2 l, on rajoute un troisième élément afin de diminuer le niveau sonore, directement lié aux caractéristiques du moteur.

Ainsi, un silencieux est la combinaison plus ou moins complexe de résonateurs, c'est-à-dire de chambres placées en série ou en parallèle le long de la ligne d'échappement. Les gaz vont s'y détendre et leurs ondes sonores s'amortir. Pour diminuer les basses fréquences, on utilise, soit deux silencieux et la portion de tube qui les sépare, soit un ensemble de volumes à l'intérieur même du silencieux, reliés entre eux par des conduites à trous ou à fentes. Pour les hautes fréquences, on a recours au passage des gaz à travers des tubes perforés placés dans des chambres contenant des isolants acoustiques, comme la laine de verre, de basalte ou d'acier.

Mais pourquoi des pots si gros ?

On estime que le volume nécessaire d'un silencieux pour une voiture particulière, donc pour un moteur quatre cylindres à quatre temps, doit être compris entre 4 et 10 fois la cylindrée. Par exemple, pour un véhicule de 2 l de cylindrée, le volume de la ligne d'échappement sera de 16 l environ. Ce volume est réparti entre les différents silencieux en fonction de leur position sous la voiture. Le poids sera compris entre 8 et 40 kg !

Pourquoi les pots se détruisent-ils ?

Les pots d'échappement sont soumis à des contraintes qui ne facilitent pas leur vieillissement. Les principales sont la température, les vibrations, la corrosion et les chocs.

La température

Les variations importantes de température auxquelles est soumise la ligne d'échappement, et tout particulièrement la partie proche du collecteur, entraînent le "recuit" systématique des métaux et leur fatigue dans le temps. À titre indicatif, le tableau ci-dessous donne un exemple des températures d'un tube d'échappement près de la sortie du

Vitesse en km/h	Température des gaz en °C	Température du tube en °C
90	610	380
115	710	450
145	810	560
180	840	615

collecteur lors de l'essai d'un véhicule équipé d'un moteur quatre cylindres de 2 350 cm³ à injection.

Les vibrations

Le démarrage du moteur, les mouvements de la carrosserie entraînent des vibrations qui se répercutent sur toute la ligne d'échappement et contribuent à la détérioration mécanique des éléments (fissures et rupture des soudures...). La fixation des pots doit être bien étudiée : ni trop souple, ni trop rigide.

La corrosion

C'est la plus grande cause de destruction des pots, et elle se manifeste suivant deux formes :

- la corrosion interne : elle est favorisée par les démarrages fréquents à froid, les trajets de courte distance et la circulation en ville. Dès que l'on arrête le moteur, les gaz d'échappement vont stagner à l'intérieur du pot. Comme ils sont chauds et l'extérieur froid, ils vont se condenser. Cette condensation entraîne la formation d'acide liquide qui va attaquer le métal et tout particulièrement les points bas des silencieux. L'oxydation s'installe et le pot finit par percer.
- la corrosion externe : la ligne d'échappement placée sous la voiture est soumise à toutes les projections, pluie, neige, sel de traitement de la chaussée en hiver, air salin sur les côtes, boues acides, humidité ambiante. Ces conditions finissent par laisser des traces... de rouille et provoquer la destruction du pot, même si le métal a subi un traitement de surface, aussi efficace soit-il.

Les chocs

Par leur position sous le véhicule, les pots sont toujours à la merci de projections de cailloux, de chocs dus au passage de la voiture dans des endroits non réguliers. Leur enveloppe se trouve endommagée et leur durée de vie diminuée.

Quelques conseils pour l'entretien ou le changement d'un silencieux

1. Lors du changement d'une ligne d'échappement, il est conseillé d'emboîter tous les éléments, de les mettre en place sur le véhicule avec leur fixation à la caisse et de ne serrer les colliers que lorsque tous les éléments sont bien positionnés. Vous évitez ainsi des contraintes mécaniques qui entameraient la durée de vie du pot.
2. Dès que vous entendez une vibration dans la ligne d'échappement ou un cognement sous la caisse, regardez d'où vient le bruit. Il s'agit sûrement d'un support défectueux ou décroché ou d'un élément à changer. Ne tardez pas à faire la remise en état.
3. Si un élément est percé, il se vend dans le commerce de la pâte spéciale pour remédier à ce défaut. Sachez que l'utilisation d'un tel produit ne peut être que provisoire et que, peu de temps après, il faudra se résoudre à changer l'élément incriminé. Peut-être est-il plus économique, dans ce cas, de changer tout de suite la pièce endommagée.

La dépollution des moteurs

La pollution atmosphérique particulièrement importante dans les villes est, en partie, due aux gaz d'échappement des automobiles. Tout le problème vient du fait que, dans

un moteur, la combustion air/essence est imparfaite. Les gaz d'échappement qui se dispersent dans l'atmosphère peuvent se répartir en deux catégories :

- les gaz polluants : le monoxyde de carbone (CO), les hydrocarbures non brûlés (HC), les oxydes d'azote (NOx), les oxydes de soufre (SO_2) et le plomb ;
- les gaz non polluants : le dioxyde de carbone (CO_2), l'oxygène (O_2), l'azote (N_2) et l'eau (H_2O).

Cette augmentation de la pollution due à l'automobile a conduit les douze pays de la Communauté européenne à élaborer des réglementations de plus en plus sévères (L4 ou euro 2, L5 ou euro 4, EOBD L4, L5, etc.), visant à réduire progressivement, et complètement à l'horizon 2010, les émissions toxiques rejetées par les automobiles. Ces normes impliquent un système électronique de gestion de l'allumage et de l'injection par sonde à oxygène, couplé à un pot d'échappement catalytique.

Gaz polluants et effets sur la santé

Qui parle de pollution, parle de maladie et de chimie, qui parle de chimie, utilise les symboles. Qu'en est-il ?

Les gaz toxiques

- CO : le monoxyde de carbone. Gaz incolore, inodore, toxique et violent pour le sang. Un taux de CO de 0,3 % en volume dans l'air respiré peut entraîner la mort en 30 min.
- NOx : les oxydes d'azote. Ce sont des gaz très toxiques, l'inspiration de 0,15 % en volume pendant quelques heures provoque la destruction des tissus pulmonaires et peut entraîner la mort.
- HC : les hydrocarbures non brûlés. Ils ont un effet irritant sur les yeux, le nez et la gorge. Pas très toxiques dans les concentrations émises par les moteurs, leurs effets seraient cancérigènes.
- PbO_3 : plomb tetraéthyle. Les composés du plomb sont des poisons violents pour le sang et le système nerveux, car ils empêchent la fixation de l'oxygène par les cellules. Il est nocif surtout sur les enfants.

Les gaz inoffensifs

- N_2 : azote. Il forme environ les 4/5 de l'air ambiant.
- O_2 : oxygène. Il forme environ le 1/5 de l'air ambiant.
- CO_2 : dioxyde de carbone ou gaz carbonique. Ce n'est pas un polluant pour la végétation ou l'être humain, mais il représente malgré tout le

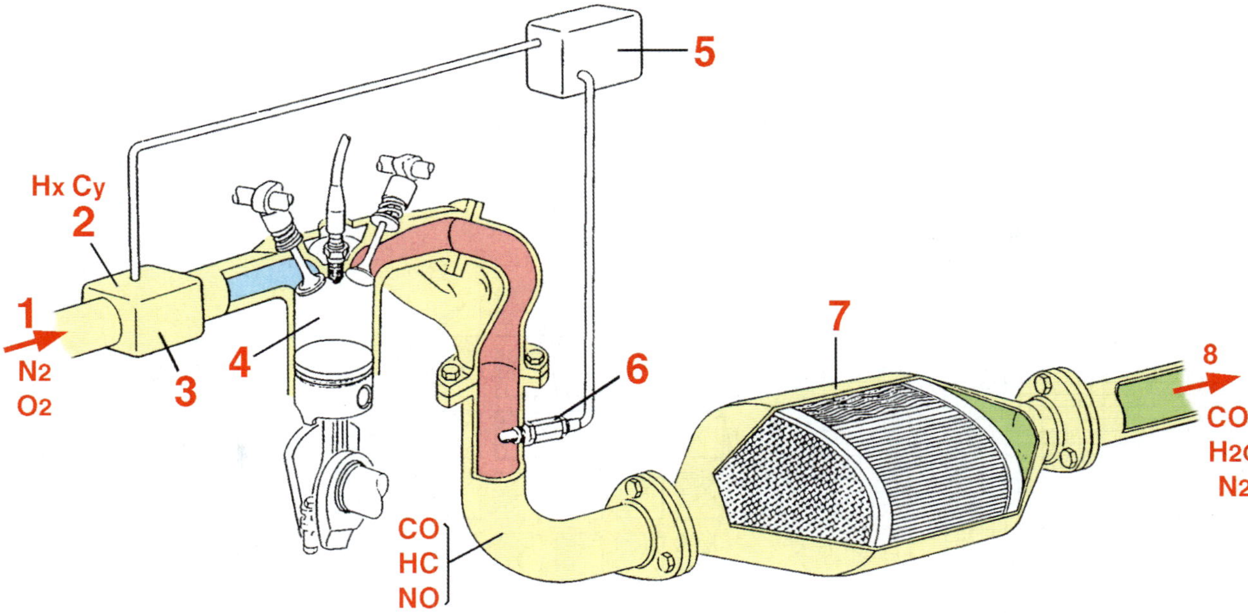

LE SYSTÈME ANTIPOLLUTION DES MOTEURS ACTUELS :
1. entrée d'air (oxygène et azote) dans le moteur, 2. injection d'essence (hydrocarbures, HxCy), 3. dosage air/essence, 4. chambre à combustion du moteur, 5. calculateur électronique, 6. sonde lambda, 7. pot catalytique, 8. sortie des gaz d'échappement.

défaut de favoriser l'effet de serre.

- H_2O : eau ou vapeur d'eau.

Or, les proportions de ces différents gaz varient considérablement suivant les différentes phases de fonctionnement du moteur : que ce soit au ralenti, à l'accélération, à la décélération ou à vitesse élevée, il est techniquement difficile d'obtenir une combustion complète. Si on observe attentivement les courbes de variation des différents polluants, on s'aperçoit que la diminution des trois polluants ensemble est impossible. En effet :

- Plus le mélange est riche, plus les oxydes d'azote diminuent et plus le monoxyde de carbone et les hydrocarbures non brûlés augmentent.
- Inversement, plus le mélange est pauvre, plus le monoxyde de carbone diminue tandis que les hydrocarbures augmentent.

Il existe cependant une zone où les oxydes d'azote sont proches de leur maximum pour un taux d'oxyde de carbone et d'imbrûlés minimal. C'est la richesse "idéale", voisine de la valeur 1 et vers laquelle la gestion électronique de l'injection va essayer de se rapprocher en permanence.

Qu'est-ce qu'un catalyseur ou pot catalytique ?

La catalyse est un procédé de transformation chimique de certaines substances obtenue par la présence d'éléments (les catalyseurs) qui ne sont là que pour provoquer la réaction chimique, sans participer à la compositions des produits obtenus en fin de réaction. Comme il s'agit de transformer les gaz d'échappement, les catalyseurs sont intégrés à la ligne d'échappement, dans une enveloppe appelée "pot catalytique".

De quoi se compose et comment fonctionne un pot catalytique ?

Pour obtenir les transformations recherchées, le pot catalytique est composé d'un bloc appelé "monolithe" percé d'une multitude de petits canaux. La surface de ces multiples canaux est recouverte d'une mince couche de métaux précieux comprenant du platine, du palladium, du rhodium et du luthérium, déposés sur un support : le "*wash coat*". Les blocs monolithes peuvent être soit en céramique, soit métalliques avec une forme ronde ou ovale.

Au contact de ces métaux, les gaz d'échappement vont se transformer en d'autres substances non toxiques. Le catalyseur tri fonctionnel traite simultanément les trois polluants par oxydoréduction pour les transformer en azote, gaz carbonique et eau, suivant les réactions :

- d'oxydation (avec platine et palladium comme catalyseurs)

$CO + O_2 \dashrightarrow CO_2$

$C_2H_6 + O_2 \dashrightarrow CO_2 + H_2O$

$NO + CO \dashrightarrow N_2 + CO_2$.

- de réduction (avec rhodium comme catalyseur)

$NOx - O \dashrightarrow N_2$.

Ces réactions entraînent une élévation de température nécessitant parfois une isolation thermique du pot. Le pot catalytique commence véritablement à fonctionner à une température de 300 °C. Sa plage idéale se situe entre 400 et 800 °C. Audelà de 1 000 °C, le catalyseur devient

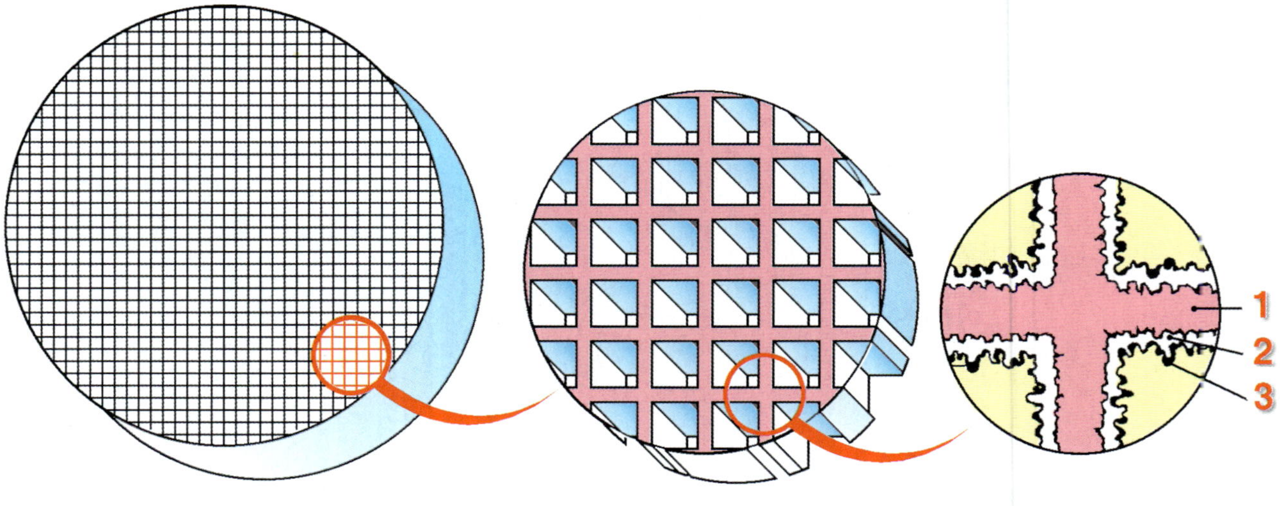

CONSTITUTION INTERNE D'UN POT CATALYTIQUE : *1. bloc monolithe, 2. support ou "wash coat", 3. métal précieux (platine, palladium, rhodium, ruthérium...).*

inefficace et risque de fondre.

Les pots catalytiques sont-ils fragiles ?

Le pot catalytique est un élément assez fragile. Sa perte d'efficacité peut être due à trois causes principales :

Le colmatage

La présence d'un catalyseur sur une voiture entraîne systématiquement l'emploi de carburant sans plomb. En effet, le plomb contenu dans l'essence se dépose sur la matière active du catalyseur et le rend très rapidement inefficace.

À cause de ce problème, le diamètre des pistolets des pompes à essence sans plomb sont plus petits que ceux pour l'essence plombée.

La sonde lambda est, elle aussi, très sensible au colmatage par le plomb, donc on a deux raisons de ne pas se tromper.

Les résidus d'une huile de mauvaise qualité peuvent provoquer la contamination du catalyseur.

Une trop forte température

Plus les réactions chimiques à l'intérieur du pot sont abondantes, c'est-à-dire plus il y a de gaz polluants à traiter, plus la température du pot est élevée. Il faut donc éviter tout phénomène susceptible de former des imbrûlés, un mélange pauvre ou un mélange riche. Ainsi doivent être proscrits :

- les ratés ou défauts d'allumage ;
- le déjaugeage du réservoir avant panne sèche ;
- les coupures de contact à hauts régimes ;
- les démarrages du véhicule par poussée ou traction.

La détérioration mécanique

Un choc violent, ainsi que les contraintes exercées par la ligne d'échappement, peuvent entraîner la rupture du monolithe.

Le pot catalytique ne demande aucun entretien. Sa durée de vie, prévue par le constructeur, est de 80 000 km pour un véhicule bien entretenu.

Le surcoût du catalyseur pour le consommateur est de l'ordre de 300 à 800 euros. Cette valeur importante est due à la présence des métaux rares contenus dans les pots.

Comment sait-on que le pot est à changer ?

Un pot détérioré fait en général du bruit. En tapotant à la main dessous, on se rend compte rapidement de son état. Le pot peut présenter une fissure détectable par un examen visuel.

Si le moteur manque de puissance, la cause peut être la fonte complète du monolithe qui obstrue, dans ce cas,

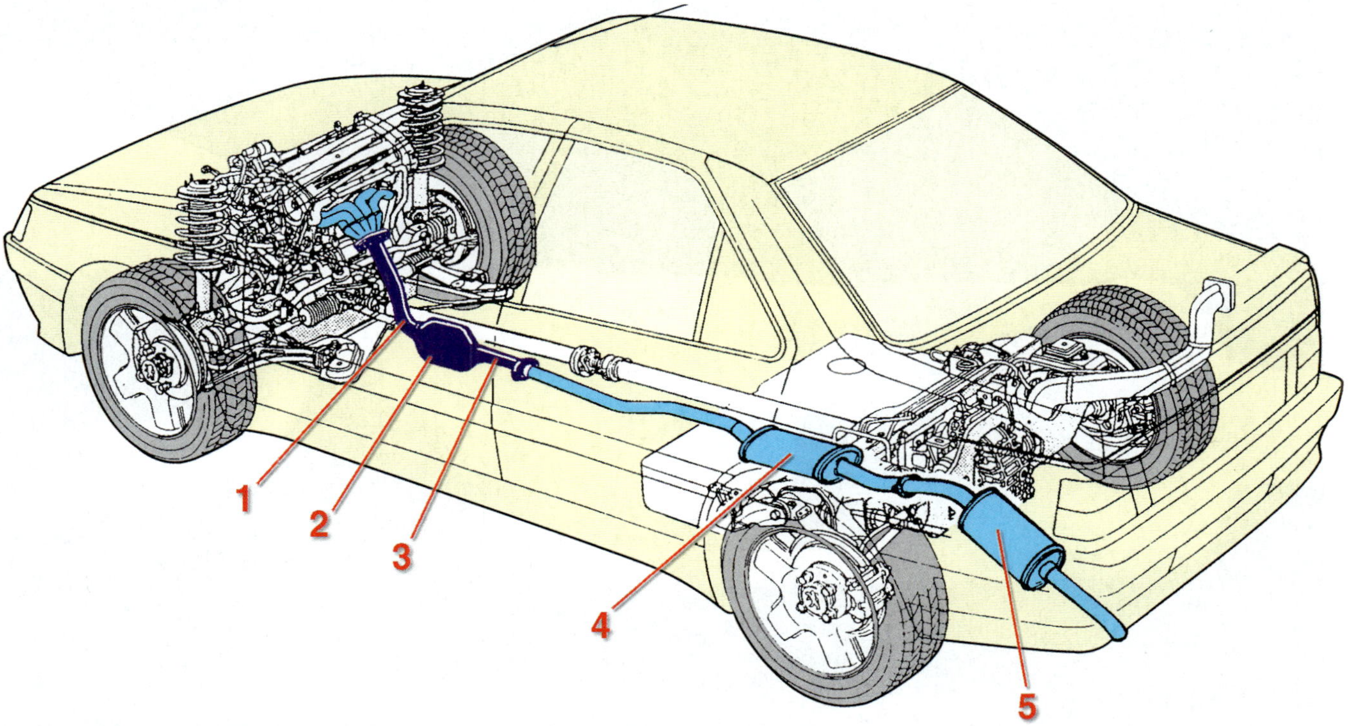

LES VÉHICULES À ESSENCE POSSÈDENT MAINTENANT DEUX SONDES LAMBDA :
1. sonde lambda amont, 2. pot catalytique, 3. sonde lambda aval, 4. silencieux central, 5. silencieux arrière.

le passage des gaz. Le contrôle des émissions des gaz d'échappement et du bon fonctionnement de la sonde lambda par un appareil professionnel permet de faire un diagnostic précis d'un quelconque dysfonctionnement du pot.
Sur les nouveaux véhicules à essence, il existe maintenant deux sondes lambda : une avant le pot et une après. En comparant les signaux envoyés par ces sondes, le calculateur d'injection est capable de dire si le pot est en bon état ou défaillant.
Il existe également des systèmes complémentaires antipollution, comme le recyclage d'une partie des gaz d'échappement, l'injection d'air frais dans les gaz d'échappement, le recyclage des vapeurs d'essence, etc.

Devra-t-on changer le pot s'il est défectueux ?

Si un pot catalytique est défectueux, les gaz d'échappement issus d'un moteur à injection avec sonde lambda polluent au moins autant, sinon plus, que les gaz d'un moteur avec pot d'échappement classique. Si on veut sauvegarder notre environnement, il revient au citoyen-automobiliste de changer son pot déficient.
De toute façon, lors du contrôle technique, la teneur des gaz d'échappement est contrôlée et si elle n'est pas conforme à la réglementation, vous avez obligation de changer votre pot catalytique (voir le chapitre contrôle technique).

Les Diesel ont-ils aussi un pot catalytique ?

Les véhicules Diesel sont équipés, maintenant, d'un pot catalytique, surtout pour l'oxydation des hydrocarbures et des oxydes de carbone. Les moteurs Diesel émettent moins de monoxyde de carbone et d'oxyde d'azote que les moteurs à essence, mais beaucoup plus de particules solides. Ces suies peuvent être récupérées et traitées dans des filtres spéciaux appelés “filtres à particules”. Le principe consiste à faire passer les gaz d'échappement à travers une paroi munie de pores. Les particules contenues dans les gaz, dont la taille est supérieure au diamètre des pores, sont retenues par le matériau. Le filtre, chargé de suie, se régénère par combustion et aussi par l'effet chimique de certains additifs qui peuvent être ajoutés dans le carburant. Si la température des gaz n'est pas suffisante, notamment lors de petits trajets, un brûleur les réchauffe pour les porter à une température d'environ 500 °C, nécessaire à leur combustion. Les suies s'enflamment

Les véhicules Diesel sont maintenant équipés de filtres à particules.

L'ÉCLAIRAGE ET LA SIGNALISATION

Sur la route, quand il fait nuit, quand il pleut, quand il neige ou quand le brouillard est installé, le plus important pour l'automobiliste, c'est de voir et d'être vu. Dans ces conditions, les projecteurs prennent une importance capitale et toutes les avancées technologiques dans le domaine de l'éclairage des automobiles contribuent directement à la sécurité des conducteurs et des passagers. Les nouvelles découvertes, la lampe à décharge au xénon étant la plus récente, repoussent toujours plus loin la maîtrise de la lumière pour notre plus grand confort et l'intérêt de tous. Bientôt, l'éclairage suivra la direction que prendra la voiture et passera automatiquement des feux de croisement aux feux de route.

L'éclairage ?

Pour éclairer la route, le dispositif d'éclairage doit satisfaire deux conditions contradictoires :

- La première est d'éclairer le plus loin possible devant le véhicule.
- La seconde est de ne pas éblouir les usagers roulant en sens inverse.

Pour satisfaire la première condition, les rayons lumineux émis par l'ampoule sont réfléchis vers l'avant du véhicule par un miroir parabolique. Ce sont les feux de route.

Pour ne pas éblouir les usagers, une partie des rayons lumineux émis par l'ampoule est occultée pour ne pas être réfléchie par le miroir parabolique. Ce sont les feux de croisement.

Petit rappel de vocabulaire

On doit dire : "feux de route" au lieu de "plein phares", "feux de croisement" au lieu de "codes", une "lampe" au lieu d'une "ampoule". En effet, l'ampoule n'est que le globe de verre rempli d'un gaz sous faible pression, contenant les filaments de la lampe à incandescence.

Un peu d'histoire...

On peut estimer la naissance du premier projecteur de lumière électrique à l'année 1859.

En effet, c'est à cette date que M. Sauter installa au sommet de l'Arc de triomphe une lentille, au foyer de laquelle était placée une lampe électrique.

Ensuite, c'est en 1878 que fut découverte la lampe à incandescence.

Le premier projecteur parabolique avec un réflecteur en verre apparut en 1885.

1899 : date de la première réglementation concernant l'éclairage des automobiles : un feu blanc et un feu vert à l'avant, et remplacement des lampes à acétylène et à pétrole par des lanternes électriques.

1929 : date de l'arrêté obligeant deux dispositifs d'éclairage sur les véhicules automobiles.

1939 : la lumière jaune devient obligatoire sur tous les véhicules français dès le 10 janvier.

1957 : apparition du faisceau de croisement asymétrique dit "code européen" (coupure à 15°) sur un très grand nombre de véhicules.

1962 : pour la première fois, une lampe halogène, simple fonction, est montée sur une voiture de compétition.

1971 : création de la première lampe halogène deux fonctions (croisement et route).

1990 : invention de la lampe à décharge.

1992 : la lumière blanche devient obligatoire sur les voitures neuves...

2000 : apparition des lampes au xénon.

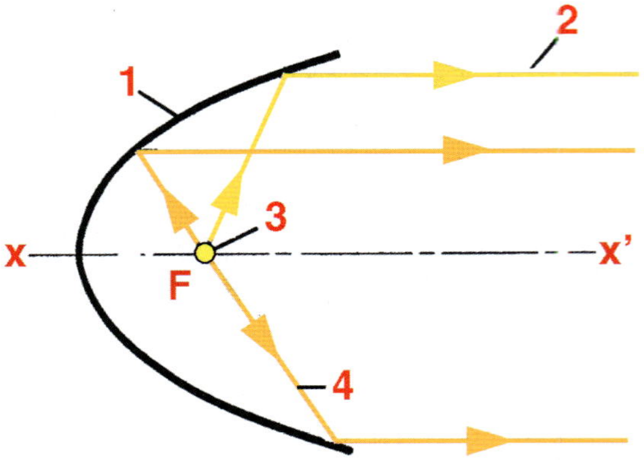

LE MIROIR PARABOLIQUE : *1. parabole, 2. rayon réfléchi qui sort de la parabole, 3. source lumineuse, 4. rayon incident qui part de la source lumineuse vers la parabole, F. foyer de la parabole.*

Comment fonctionne un miroir parabolique ?

Un miroir parabolique a la forme de la surface engendrée par la rotation d'une parabole autour de son axe. Cette parabole est caractérisée par son foyer et son axe XX'.

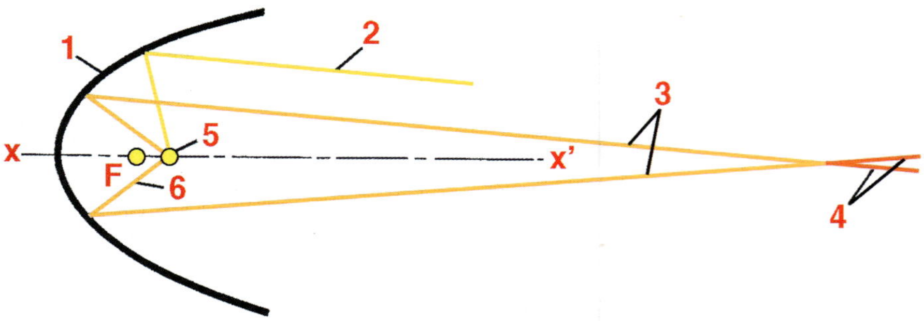

LE FEU DE CROISEMENT : *les rayons convergent puis divergent. 1. miroir parabolique, 2. rayon réfléchi, 3. rayons convergents, 4. rayons divergents, 5. source lumineuse, 6. rayon incident, F. foyer de la parabole.*

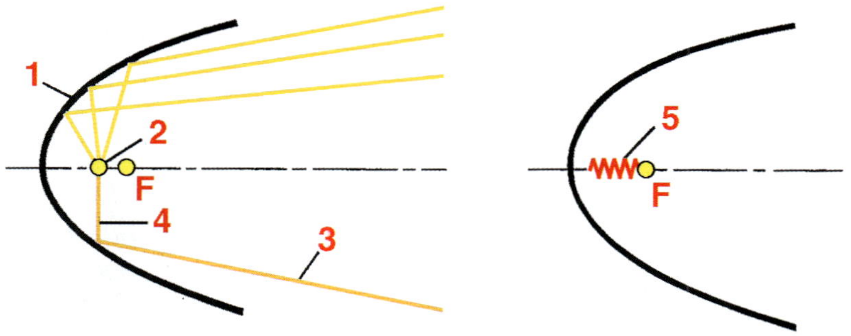

LE FEU DE ROUTE : *1. miroir parabolique, 2. source lumineuse, 3. rayon réfléchi divergent, 4. rayon incident, 5. filament route, F. foyer de la parabole.*

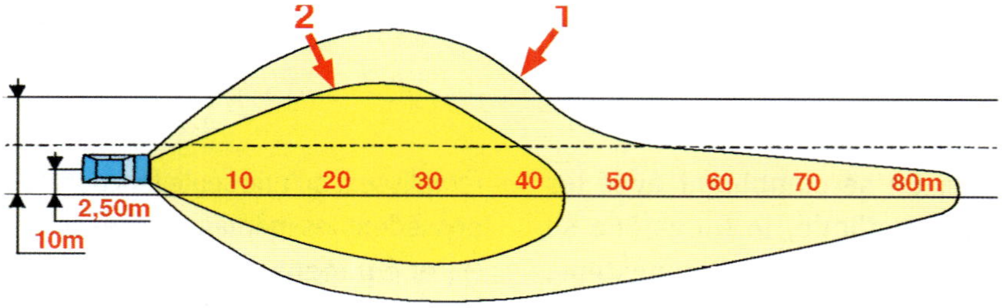

AVANTAGE DU CODE EUROPÉEN : *1. code européen, 2. code classique.*

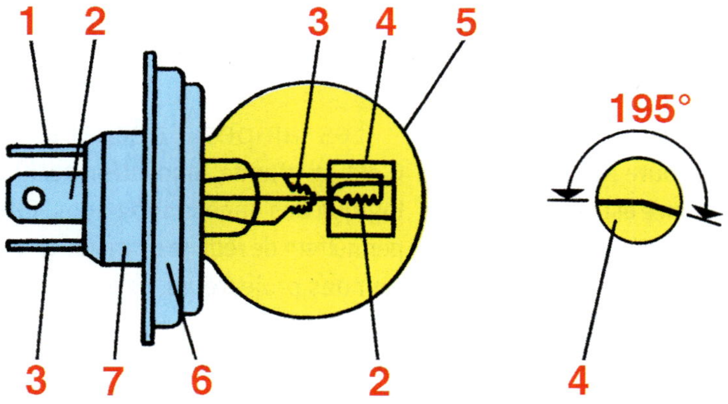

LAMPE DOUBLE FONCTION CODE EUROPÉEN : *1. masse, 2. borne du filament croisement, 3. borne du filament route, 4. coupelle, 5. ampoule de verre, 6. collerette, 7. culot.*

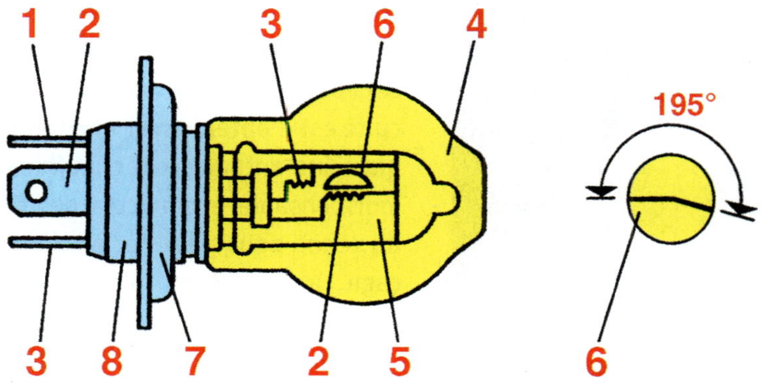

LAMPES H4 ANCIENNE AVEC L'AMPOULE JAUNE : *1. masse, 2. borne du filament croisement, 3. borne du filament route, 4. ampoule de verre de couleur jaune, 6. coupelle, 7 .collerette, 8. culot.*

Le foyer d'un miroir parabolique a une incidence sur la propagation des rayons lumineux réfléchis. Trois cas peuvent se présenter :

- La source lumineuse est placée au foyer. Dans ce cas, les rayons réfléchis sont parallèles à l'axe XX' du miroir. La portée de la lumière est très longue, mais la surface éclairée est petite.
- La source lumineuse est placée en avant du foyer, les rayons lumineux convergent puis divergent.

C'est le cas des **feux de croisement** :
Le filament de la lampe est placé en avant du foyer. Une coupelle écran empêche une partie des rayons de se réfléchir sur la partie inférieure de la parabole, évitant ainsi d'éblouir les usagers venant en sens inverse.

- La source lumineuse est placée en arrière du foyer, les rayons lumineux sont divergents et la surface éclairée très grande.

C'est le cas des **feux de route** :
Le filament de la lampe est placé vers l'arrière du foyer. On obtient ainsi une zone fortement éclairée issue des rayons lumineux du foyer, et une grande surface modérément éclairée issue des rayons lumineux émanant de la partie du filament placée en arrière du foyer.

Quelles sont les différentes sortes de lampes ?

Les lampes à double fonction ou code européen

Elle est utilisée sur le segment bas de gamme actuel. Elle a une puissance de 40 à 45 W. La coupure d'éclairage en feu de croisement est relevée de 15° sur la droite grâce à la forme

Lampe H1.

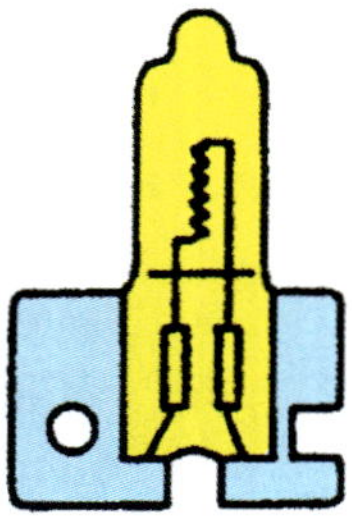

Lampe H2.

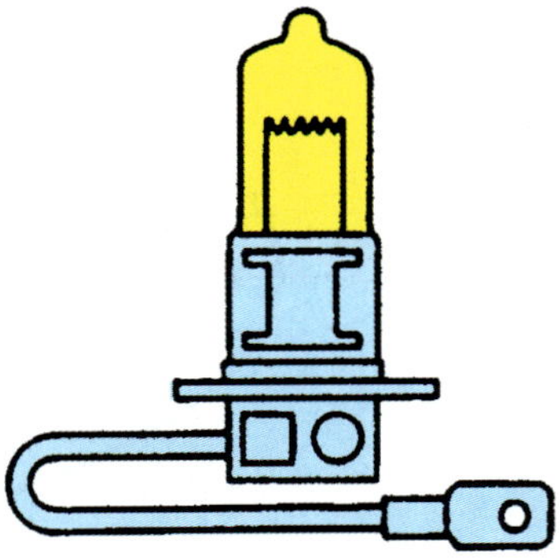

Lampe H3.

Lampe H4 ou H7.

particulière de la coupelle. On obtient ainsi un faisceau asymétrique.

Les lampes halogènes H4

Dans une lampe ordinaire, le filament est en tungstène. Porté à haute température, il se détruit par vaporisation. Pour éviter ce phénomène, on a recours à un fonctionnement halogène qui limite la température du filament. À l'intérieur de l'ampoule en verre de silice, est enfermé un mélange de gaz comprenant du krypton, de l'iode, du brome et du fluor. Sous l'action de la chaleur, le filament de tungstène se vaporise en fines particules. En se combinant avec les particules d'iode, le tungstène se transforme en iodure de tungstène. Au contact du verre de l'ampoule, l'iodure de tungstène se refroidit, car la température du filament est beaucoup plus élevée que celle du verre, les molécules éclatent et le tungstène se redépose sur le filament.

La lampe H4 est une lampe à double fonction, feu de route et feu de croisement. Sa puissance est de 55 à 60 W, supérieure de 10 % à une lampe code européen. Elle permet ainsi de doubler l'intensité lumineuse.

Il existe des lampes halogènes qui ne remplissent qu'une seule fonction. Elles possèdent les mêmes qualités que les H4 et équipent :

- les projecteurs "route" ;
- les projecteurs "croisement" ;
- les projecteurs de complément tels que "antibrouillard", longues-portées, etc.

Les lampes à décharge

C'est la grande innovation technologique des années 1993-1995. Elles permettent de réduire de moitié la hauteur des projecteurs, ce qui est d'un intérêt énorme sur le plan aérodynamique et stylistique.

Le principe de la lampe à décharge est le suivant : une décharge de très haute tension (8 000 à 10 000 V) traverse un tube de verre rempli de sodium et de mercure. L'échauffement de ce gaz se traduit par une lumière exceptionnelle. La première difficulté est d'obtenir avec une rapidité quasi instantanée cet échauffement indispensable, et pour cela, on utilise du xénon pour créer l'éclair d'amorçage. La seconde difficulté est de produire cette très forte tension à partir d'une batterie de 12 V, de stabiliser l'arc électrique sous une tension de 100 V et de contrôler avec précision la puissance de la lampe. Cette fonc-

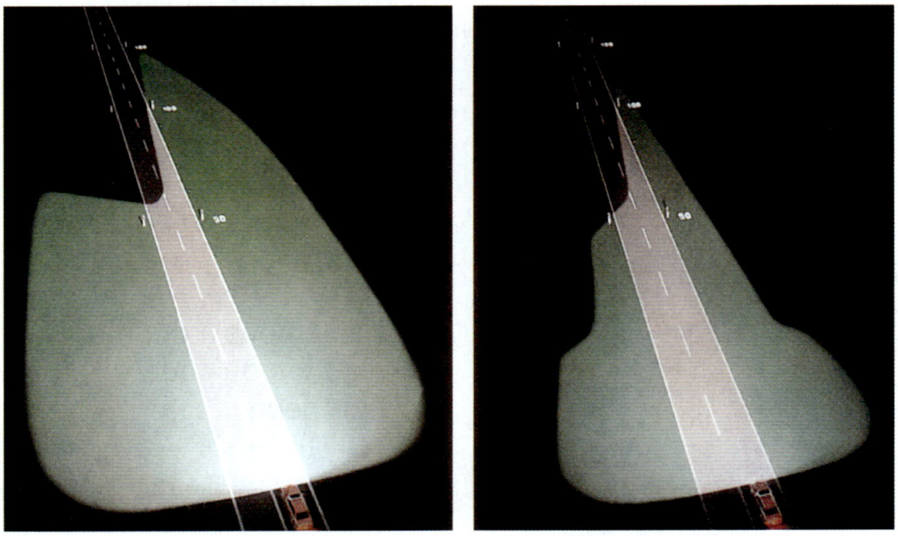

Le grand progrès de la lampe à décharge : La zone éclairée sur la ligne de gauche est beaucoup plus important que l'éclairement de la lampe H4 à droite.

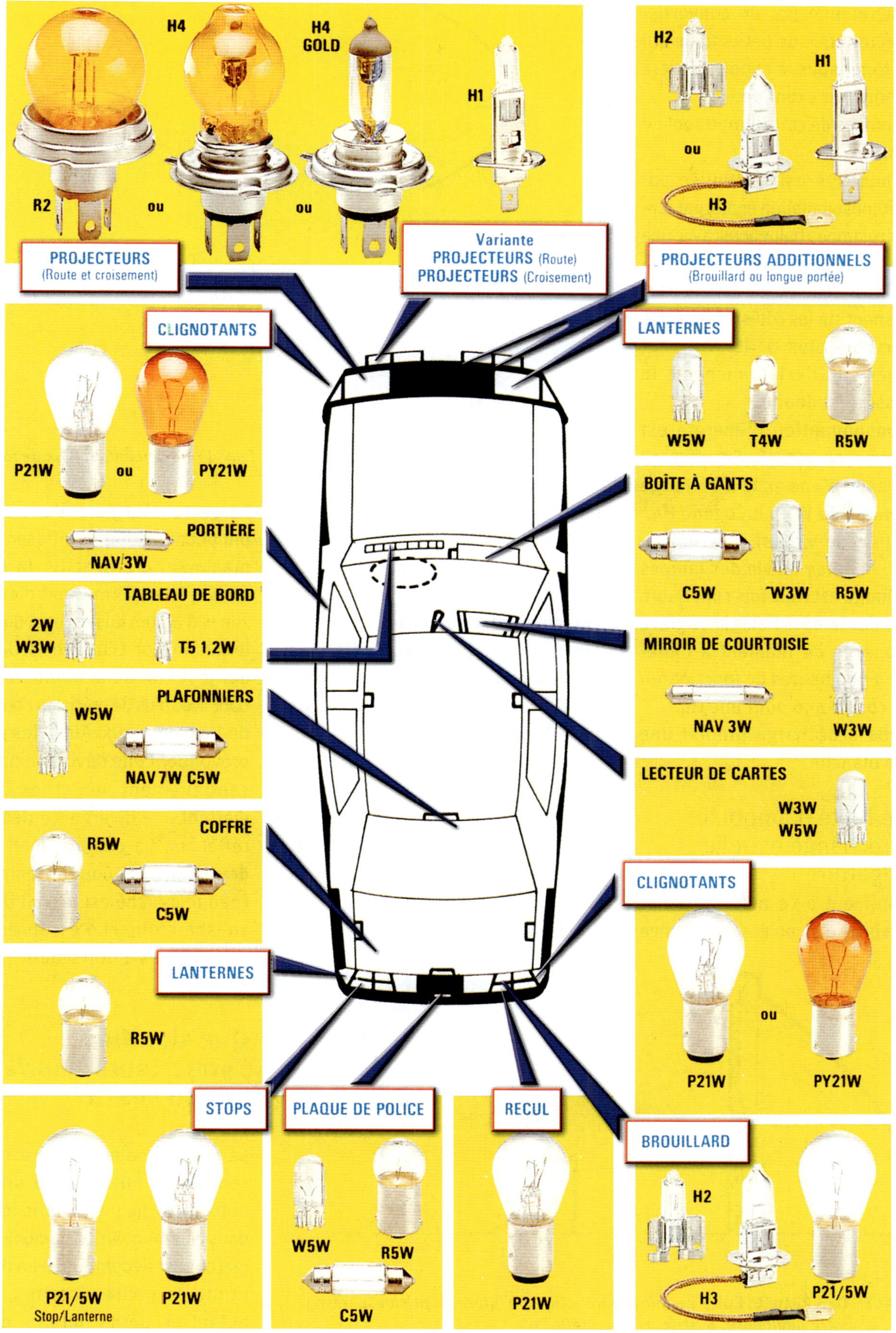
H4
H4 GOLD
H1
R2
ou
ou
PROJECTEURS (Route et croisement)
Variante PROJECTEURS (Route) PROJECTEURS (Croisement)
H2
H1
ou
H3
PROJECTEURS ADDITIONNELS (Brouillard ou longue portée)
CLIGNOTANTS
P21W
ou
PY21W
LANTERNES
W5W
T4W
R5W
PORTIÈRE
NAV 3W
TABLEAU DE BORD
2W W3W
T5 1,2W
BOÎTE À GANTS
C5W
W3W
R5W
MIROIR DE COURTOISIE
NAV 3W
W3W
PLAFONNIERS
W5W
NAV 7W C5W
LECTEUR DE CARTES
W3W
W5W
COFFRE
R5W
C5W
CLIGNOTANTS
P21W
ou
PY21W
LANTERNES
R5W
STOPS
P21/5W Stop/Lanterne
P21W
PLAQUE DE POLICE
W5W
R5W
C5W
RECUL
P21W
BROUILLARD
H2
H3
P21/5W

tion est remplie par un convertisseur électronique de petite taille qui doit se loger sous le capot, derrière la calandre par exemple.
Les avantages de cette lampe sont de trois sortes :

- La luminosité est multipliée par trois, à consommation égale, par rapport aux lampes halogènes, avec une meilleure répartition du flux lumineux à l'intérieur du faisceau et principalement sur les côtés. Malgré des projecteurs plus petits, on peut estimer que l'éclairement de la chaussée est doublé.
- La consommation d'énergie est diminuée de moitié. En effet, la luminosité d'une 35 W à décharge équivaut à 62 W en halogène H4.
- La durée de vie est plus importante : la durée de vie des lampes à décharge est trois fois supérieure à celle des lampes halogènes grâce à l'absence de filament à l'intérieur : 1 500 heures de fonctionnement contre 450 pour une H4.

La lampe à décharge produit une lumière blanche.

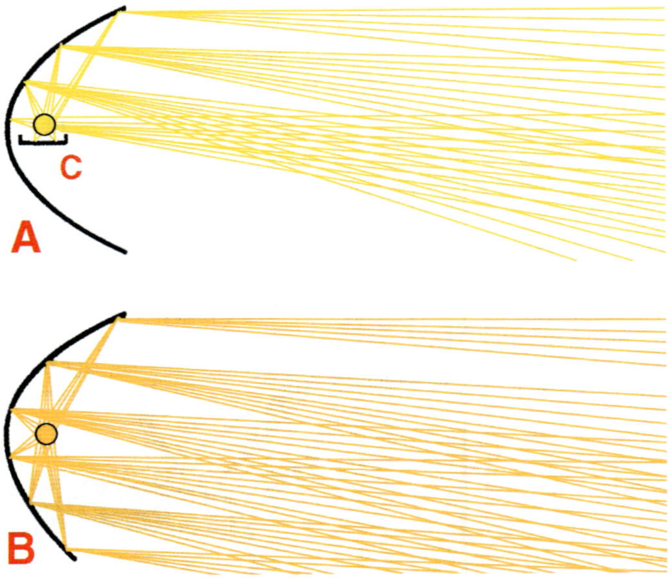

PROJECTEURS À SURFACES COMPLEXES : *A. feux de croisement, B. feux de route.*

Une boîte d'ampoules de rechange est-elle obligatoire ?

Contrairement à ce qu'on pourrait croire, la boîte d'ampoules de rechange n'est pas obligatoire. Le code de la route ne vous oblige pas à avoir des ampoules de secours. Mais en cas de contrôle de la gendarmerie, si une ampoule ne fonctionne plus, vous risquez une amende si vous n'êtes pas en mesure de la remplacer. Alors, en prévision, il vaut peut-être mieux faire l'investissement.

Les glaces des projecteurs ont-elles un rôle important ?

Les stries et les prismes qui apparaissent sur les glaces des projecteurs ont pour fonction de diffuser, avec un maximum d'efficacité, la lumière émise. Elles permettent d'éviter les zones d'ombre du faisceau, qui gênent le conducteur. Leur rôle est de seconder le miroir de la parabole en guidant avec plus de précision l'orientation du flux lumineux. Ainsi, les prismes provoquent une déviation parallèle, contrairement aux stries qui permettent une divergence des rayons réfléchis. La combinaison de ces deux procédés pour obtenir le faisceau recherché est le fruit d'études en laboratoire et d'essais en conditions réelles d'utilisation.

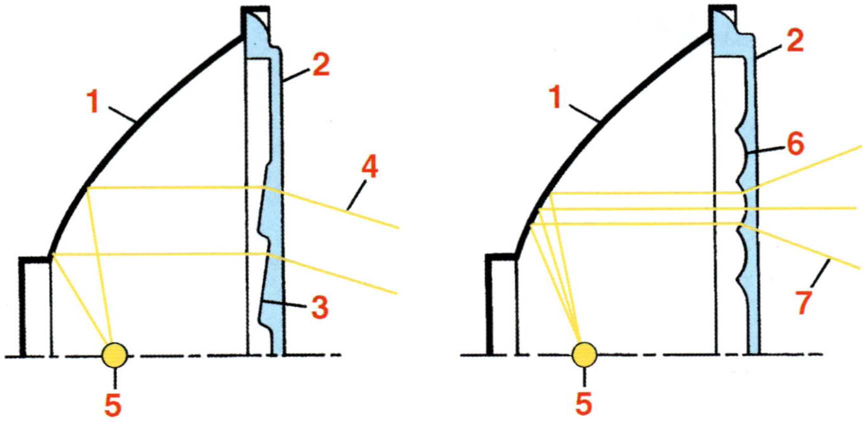

LES GLACES DES PROJECTEURS : *1. miroir parabolique, 2. glace, 3. prisme, 4. rayon réfléchi, 5. source lumineuse, 6. strie, 7. rayon réfléchi.*

Que signifie : "projecteurs à surfaces complexes" ?

Le système d'éclairage à surfaces complexes fait appel à une technique optique jusqu'alors inconnue dans l'automobile. La parabole du projecteur est décomposée en une multitude de petites facettes, comme autant de petits miroirs, qui vont

Exemple de projecteur Valeo à surfaces complexes.

contrôler de façon très rigoureuse l'orientation du flux lumineux. Grâce à de puissants programmes informatiques, l'orientation de ces surfaces de réflexion est calculée avec la plus grande précision. La distribution de lumière obtenue permet de prendre en compte les facteurs comme la taille du filament des lampes, la dimension et l'inclinaison des glaces, etc. De plus, dans ces projecteurs, le flux est récupéré au maximum grâce à l'utilisation de la totalité de la surface de la parabole.

Comment peut-on contrôler le bon réglage des projecteurs ?

Le réglage des projecteurs peut être réalisé sans l'aide d'un régloscope, appareil que possèdent tous les professionnels. Il suffit d'utiliser tout simplement un mur.

- Placez votre véhicule à 10 m du mur.
- Tracez à la craie sur le mur, l'axe du véhicule.
- À partir de cet axe, reportez de chaque côté la moitié de la distance entre les projecteurs, ce qui vous donne deux points A et A'.
- Tracez à partir du sol un trait horizontal à une distance correspondant à la hauteur du centre des projecteurs.
- Le faisceau lumineux décrit en feu de croisement une marque horizontale suivie d'une pente légère.
- Avec les vis de réglage, réglez la marque horizontale du faisceau à 10 cm au-dessous du trait horizontal et faites coïncider l'origine de la pente avec les points A et A' (voir figure).

Votre véhicule sera conforme à la législation.

Peut-on réparer un phare ou un feu cassé ?

Si la vitre de votre phare a reçu un éclat qui transperce la vitre et ne permet plus l'étanchéité, vous pouvez tenter

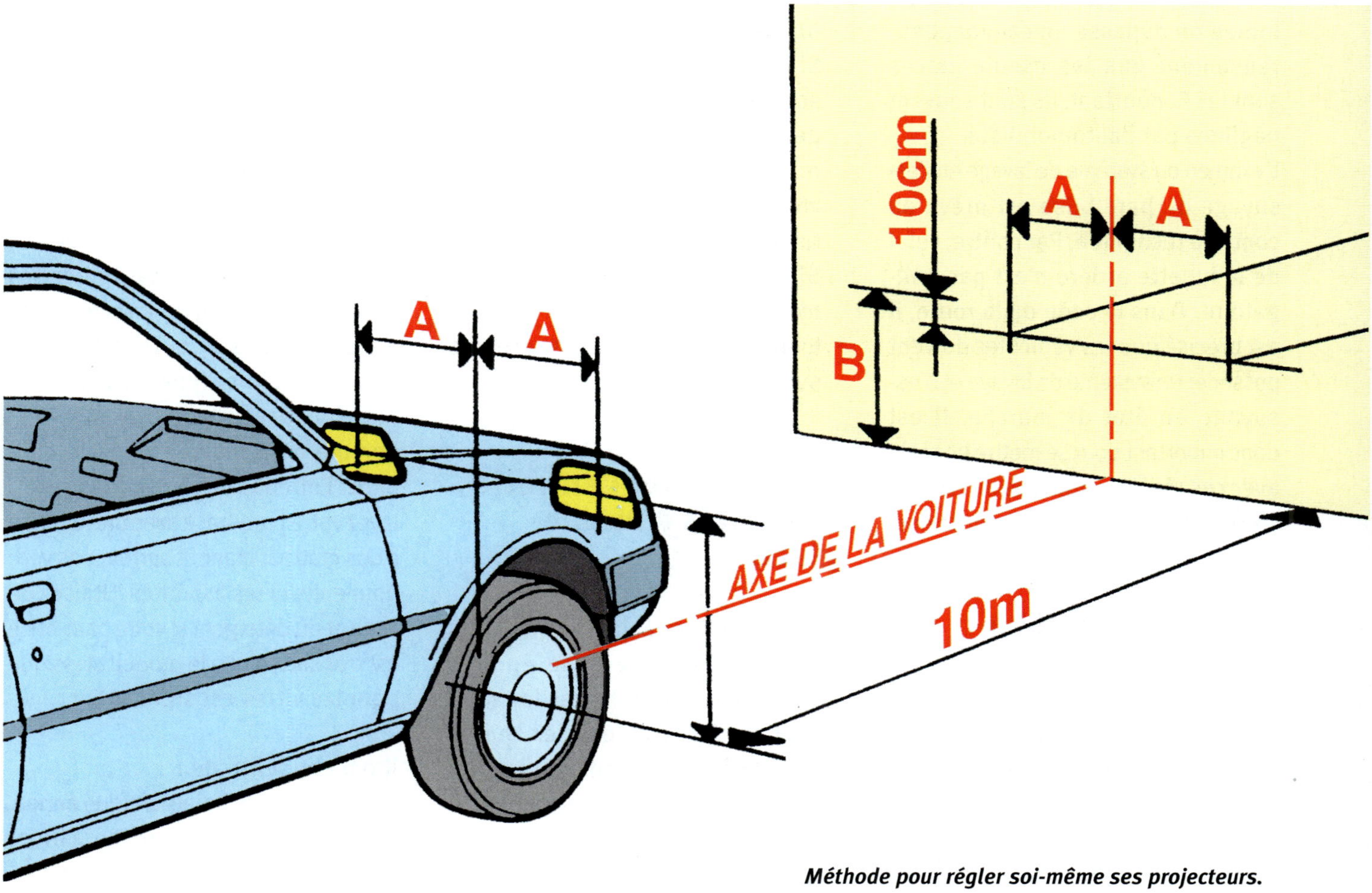

Méthode pour régler soi-même ses projecteurs.

un collage du verre ou du plastique avec de la colle ou de la résine époxy. Déposez avec une longue spatule le produit sur l'éclat, à l'intérieur du phare, lissez et laissez sécher. Le résultat peut vous permettre de faire une économie non négligeable. Si la vitre est complètement fissurée ou cassée, mieux vaut changer le phare et en acheter un neuf ou un d'occasion. Cette procédure peut s'appliquer à tous les autres feux.

Le système de lavage et d'essuyage du pare-brise

Les essuie-glaces ont une fonction primordiale de sécurité dans une voiture. Il vous est sûrement arrivé de rouler par temps de pluie sur autoroute et, lors du dépassement, il n'est pas rare d'avoir une visibilité très réduite lorsqu'on dépasse un camion, heureusement que les essuie-glaces sont là ! Et pourtant, ils sont souvent négligés par l'automobiliste.
L'examen du système de lavage et d'essuyage du pare-brise est prévu au contrôle technique. Par contre, celui de la lunette arrière n'est pas obligatoire. Dans le code de la route, il est précisé que les véhicules doivent posséder un système de lavage et d'essuyage en état de marche. Il est donc important pour se mettre en règle avec ces réglementations de contrôler régulièrement ces deux fonctions.

Comment contrôler le lavage ?

Le liquide de lave-glace doit être correctement pulvérisé sur le pare-brise.

- Si le liquide est diffusé massivement hors de la zone à laver, c'est le gicleur qui est à mettre en cause. Il est mal orienté ou mal fixé à la carrosserie. Pour régler l'orientation, prenez une petite aiguille, glissez-la délicatement dans un trou du gicleur, grâce à la petite rotule, vous pouvez ainsi facilement orienter le jet dans la bonne direction. Procédez par essais successifs jusqu'au bon réglage.
- Si le liquide sort avec peu de pression, regardez d'abord si le bocal est suffisamment rempli. Si c'est le cas, l'orifice du gicleur est peut-être encrassé ou a été agrandi.
- Si le liquide ne sort pas du tout, écoutez si la pompe fonctionne. Si vous l'entendez tourner, contrôlez si le tuyau d'acheminement du liquide n'a pas été débranché sur un ou plusieurs point(s) du circuit. Si tout ceci fonctionne, c'est le gicleur qui est bouché. Un petit coup d'air comprimé libérera l'orifice.
- Si le tuyau est fendu au niveau de son raccordement à la pompe, coupez le bout de tuyau défaillant et rebranchez-le à nouveau. Assurez-vous qu'il n'y a aucune pliure du tuyau.
- Si vous souhaitez des renseignements supplémentaires sur le liquide lui-même, reportez-vous au chapitre sur les niveaux.

Conseils pour l'entretien des balais d'essuie-glace.

Lavez régulièrement vos raclettes d'essuie-glace avec une éponge humide pour retirer toutes les saletés et les insectes écrasés qui se sont collés. Essuyez ensuite avec un chiffon sec. Lors du nettoyage, il arrive parfois qu'une trace noire apparaisse sur votre éponge. Il s'agit des restes de la particule de graphite antibruit qui est déposée par le constructeur sur les balais neufs et qui disparaît avec le temps. Évitez donc dans les premiers mois après le remplacement des balais, de faire un nettoyage en profondeur.
L'essuyage doit s'effectuer correctement sur toute la surface du pare-brise.

- Si le système ne fonctionne pas, c'est en général lié à un problème électrique. Il est prudent de contrôler le fusible avant de contacter un professionnel. Il existe d'autres types de pannes, comme le moteur grillé ou la timonerie défaillante, mais ces cas ne sont pas courants.
- Si la qualité de l'essuyage n'est pas correcte, référez-vous au tableau de diagnostic ci-après.
- Si le pare-brise possède une fêlure ou un impact à sa surface, la qualité de l'essuyage s'en ressentira car la lame de caoutchouc se détériorera à cet endroit.

L'action des balais gagnera en efficacité si vous pensez à nettoyer régulièrement votre pare-brise autrement que par le système de lavage. Le balayage enlèvera ainsi toutes les grosses poussières, les insectes et les projections grasses qui encrassent et éblouissent lors d'une conduite nocturne ou face au soleil.
Comme déjà indiqué dans le chapitre "Entretien de votre carrosserie", lavez votre pare-brise avec une éponge à dos gratteur blanc et surtout pas vert, pour enlever les aspérités. Utilisez de l'eau et du détergent si votre pare-brise est très sale, sinon le produit classique pour les vitres est suffisant.

Il est conseillé de :

- Remplacer les balais chaque année, sachant que le froid de l'hiver endommage la lame et que la cha-

PARE-BRISE VU DE LA PLACE DU CONDUCTEUR	DÉFAUT CONSTATÉ ET EXPLICATION DU DÉFAUT	VOTRE RECOMMANDATION
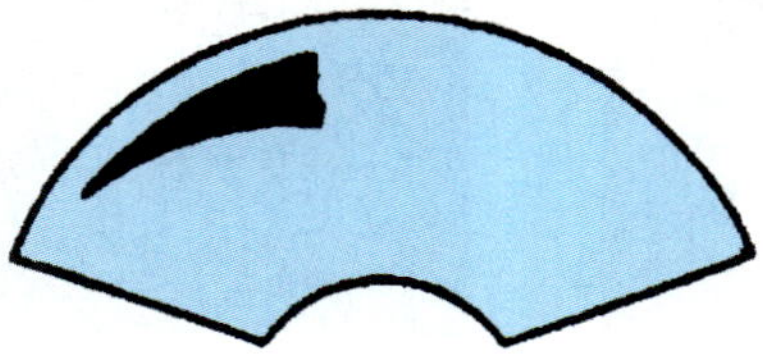	**ZONES NON ESSUYÉES** Le balai a été détérioré par une action extérieure	**BALAI À CHANGER**
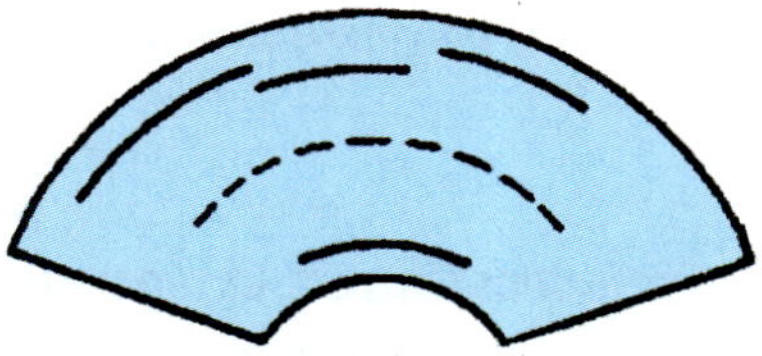	**STRIES OU RAYURES PERMANENTES** Impacts sur le pare-brise et/ou détérioration de la lame	**BALAI À CHANGER** si le pare-brise est impeccable
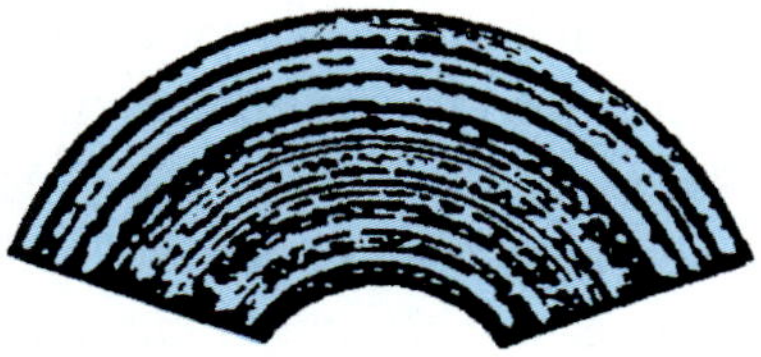	**VOILE OU IRISATION** Pollution du pare-brise et/ou de la lame	**BALAI À CHANGER** si le phénomène subsiste malgré un lavage très soigné
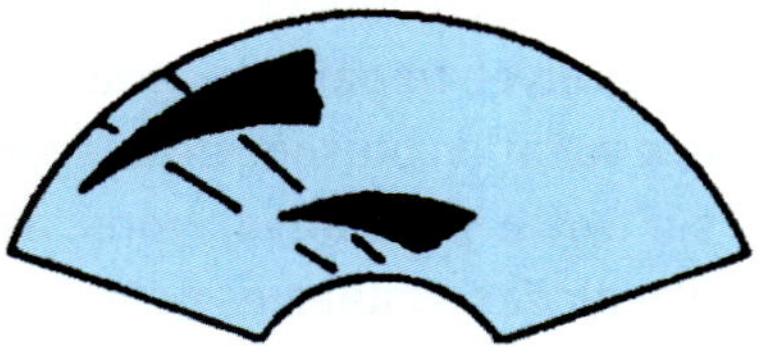	**DURCISSEMENT DE LA LAME** Vieillissement de la lame	**BALAI À CHANGER**
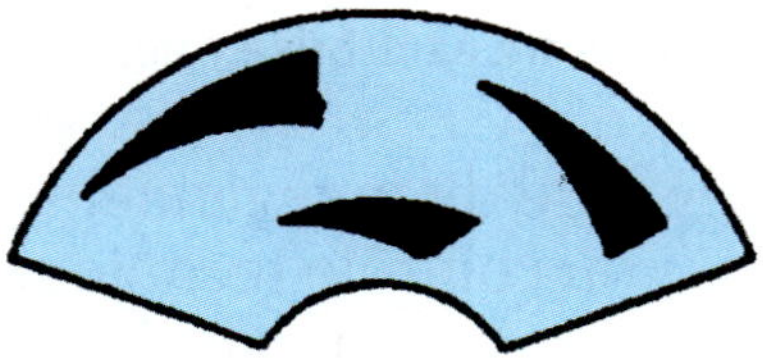	**MANQUE D'ESSUYAGE** Pare-brise sale et/ou usure mécanique du balai et du porte-balai	**BALAI À CHANGER** si le phénomène subsiste après un lavage très soigné ou **PORTE-BALAI À CHANGER** si le phénomène subsiste avec un balai neuf
	**SAUTILLEMENT DU BALAI ET BRUIT (BROUTEMENT)** Durcissement de la lame et/ou détérioration du porte-balai	**BALAI À CHANGER** ou **PORTE-BALAI À CHANGER** si le phénomène subsiste avec un balai neuf
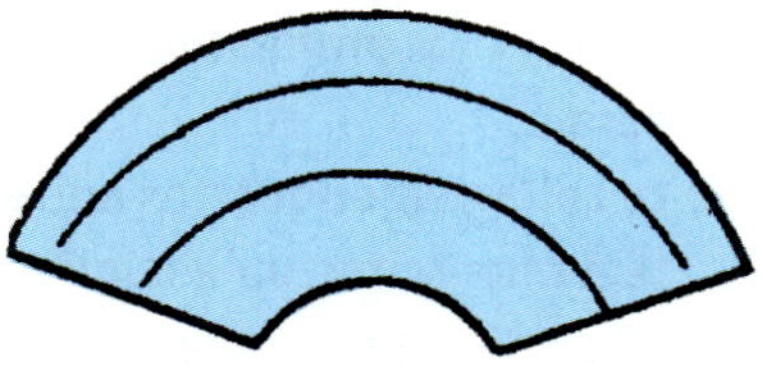	**STRIES RÉGULIÈRES** Usure sous griffes de la lame et/ou pression trop forte du porte-balai	**BALAI À CHANGER** ou **PORTE-BALAI À CHANGER** si le phénomène réapparaît avec un balai neuf
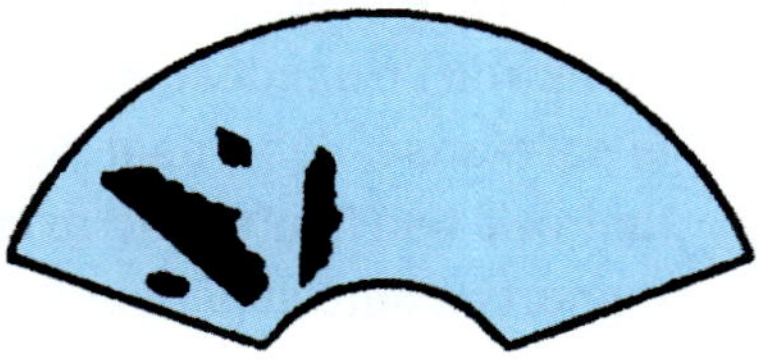	**SOULÈVEMENT DU BALAI EN VITESSE** vieillissement de la lame et/ou manque de pression du porte-balai	**BALAI À CHANGER** ou **PORTE-BALAI À CHANGER** si le phénomène subsiste avec un balai neuf

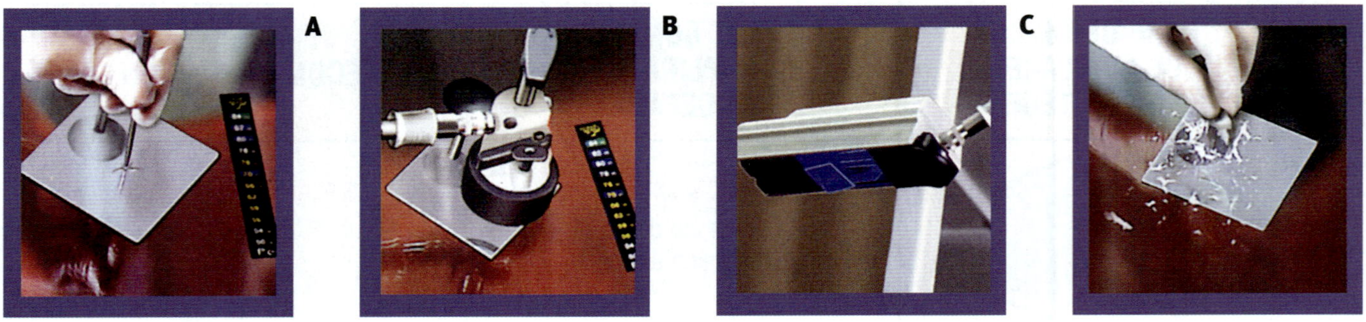

A B C D

LA RÉPARATION DU PARE BRISE : *A. nettoyage de l'impact, B. injection de la résine sous vide d'air, C. polymérisation de la résine pour source de chaleur, D. polissage de la surface. (Méthode CARGLASS)*

leur de l'été accélère son vieillissement.

- Remplacer les balais par paire.
- Contrôler régulièrement le balai arrière.

La durée de vie d'un balai d'essuie-glace est de 500 000 cycles, soit 800 km environ en fonctionnement constant.

L'automobiliste français est particulièrement négligent car il ne change ses balais que lorsqu'ils fonctionnent très mal, c'est-à-dire tous les vingt-huit mois. Les Suédois les changent tous les douze mois et les Allemands tous les seize mois.

Que faire quand le pare-brise est fissuré ?

Si l'impact est en dehors du champ de vision et moins gros qu'une pièce de 2 euros, la réparation est possible. Il existe un procédé réalisé par la société Carglass, qui répare votre pare-brise en injectant, sous vide, une résine dans l'impact. La réparation s'effectue en quarante minutes et elle vous est remboursée par votre assurance si vous avez souscrit la garantie "bris de glace". Si vous attendez, l'éclat va se transformer en fissure, qui ne va pas cesser de s'agrandir sous l'influence de divers éléments, comme un nouvel impact de gravillon ou une variation brusque de température sur votre pare-brise. Vous risquez d'avoir des problèmes pour passer le contrôle technique et, au pire des cas, voir votre pare-brise voler en éclats.

Le futur éclairage directionnel commandé électroniquement suivant l'angle du volant.

Que dit le règlement du contrôle technique au sujet du pare-brise ?

Une contre-visite devient obligatoire, avec donc une obligation de remise en conformité si :

- Le pare-brise possède une fissure débordant d'un cercle de 300 mm de diamètre, quelles que soient la zone et la profondeur de la fissure.
- Le collage d'étiquettes autres que réglementaires ou assimilées est effectué dans la zone de balayage du ou des essuie-glaces.
- Un film ou un bandeau est collé sur le pare-brise, débordant une zone limitée à une hauteur de 10 cm par rapport au bord supérieur du pare-brise.

L'ENTRETIEN DE VOTRE CARROSSERIE

La meilleure façon de protéger votre carrosserie des nuisances de l'environnement est de laver régulièrement votre véhicule et éventuellement de lui appliquer un produit protecteur.

La fréquence de lavage du véhicule va dépendre :

- **de son utilisation ;**
- **de son lieu de stationnement ;**
- **des saisons ;**
- **des conditions atmosphériques ;**
- **des influences de l'environnement.**

Son utilisation

Si vous êtes amené à vous déplacer, pour des raisons professionnelles ou personnelles, sur des routes de campagne ou en ville, il va être nécessaire de laver plus ou moins souvent votre véhicule. En effet, sur les routes de campagne parfois étroites, ce qui oblige à rouler sur le bas-côté lors des dépassements, la boue et la poussière vont recouvrir votre carrosserie, les passages de roues, s'infiltrer sous les pare-chocs, enfin partout, dans tous les recoins. Elles sont composées d'agents acides qui attaquent votre carrosserie et, plus longtemps elles resteront collées sur la carrosserie, plus votre peinture va se ternir et la rouille commencer à grignoter le métal. Il faut laver votre véhicule chaque semaine dans ces cas-là. En ville, ce sont surtout les fumées des gaz d'échappement, chargés en hydrocarbures imbrûlés à cause des moteurs au ralenti dans les bouchons, des arrêts et des démarrages aux feux par exemple, qui vont recouvrir votre carrosserie d'une mince couche d'impuretés, moins visible mais tout aussi efficace dans leur travail de sape. Les fumées des immeubles et maisons d'habitation, chargées de soufre, surtout en hiver, ont des effets néfastes sur la peinture de votre voiture.

Le lieu de stationnement

Si vous avez la chance de pouvoir garer votre voiture dans un parking, c'est le meilleur endroit pour protéger votre carrosserie. Seule une poussière fine se déposera. Si votre voiture couche dehors, elle est déjà plus exposée aux fumées et poussières industrielles, dont l'action est sournoise. Même si elle n'apparaît pas sale, un nettoyage s'impose chaque semaine. Profitez du week-end pour un petit passage à l'eau.

Évitez surtout de vous garer sous les arbres. Les fientes des oiseaux, les restes d'insectes, la résine des arbres, les feuilles mortes, sont autant d'éléments acides qui agressent votre carrosserie. À éviter donc !

La saison

Elle influe, c'est évident. L'été, le soleil va tendre à cuire la peinture ou le vernis protecteur. L'hiver, le froid va rétracter le métal et la peinture. Ces sollicitations ne sont pas très bonnes pour votre carrosserie, surtout si elle n'est pas très propre, sans parler de l'action chimique de la rosée du matin qui va dissoudre certaines particules oxydantes. Ne croyez pas que la poussière va protéger votre voiture comme un voile de mariée !

Les conditions atmosphériques

Elles jouent pour beaucoup. En période de gel, lorsqu'on répand du sel sur les routes, des projections vont se produire et le sel va coller aux éléments de carrosserie. Il est impératif de laver abondamment le dessous de votre véhicule. Il en est de même si vous roulez dans des flaques d'eau de mer ou si, en période de tempêtes en bordure de mer, des embruns salés viennent se projeter sur votre voiture. Les conséquences sont ravageuses, il n'y a qu'à voir ce que deviennent les véhicules des "gens de mer" qui ne bénéficient pas de l'entretien nécessaire.

Les influences de l'environnement

Sont concernés tous ceux qui habitent ou travaillent à l'intérieur ou à proximité des zones industrielles. En général, l'atmosphère est loin d'être idéale pour la santé de votre carrosserie. Les poussières industrielles souvent chargées de soufre, les projections, les pluies acides, l'air ambiant, ont une tendance à dégrader la brillance de votre voiture. Un seul remède : le lavage régulier avec un traitement de protection correspondant.

Les Français ne "toilettent" leur voiture que 10,2 fois par an, avec seulement 11,2 lavages à haute pression, alors que nos voisins allemands lavent leur voiture 20 fois par an, soit presque le double !

Lavage manuel ou lavage automatique ?

Le lavage manuel

Il est plus difficile pour ceux qui habitent en centre-ville ou dans des immeubles, car il va vous falloir un peu d'espace autour de la voiture et de l'eau. Il va y avoir des projections et des évacuations de produits de nettoyage dans le caniveau, qui ne seront pas forcément bien vues par votre voisinage. Peut-être est-il préférable pour ces citadins d'attendre le week-end et un petit tour à la campagne.

Le lavage manuel nécessite un peu de matériel et une bonne dose d'huile de coude, mais il ne coûte presque rien. Le lavage automatique est plus rapide, plus cher et le résultat n'est pas toujours aussi satisfaisant pour les pressés exigeants. Cependant, il est nécessaire de distinguer le lavage automatique à rouleaux du lavage automatique par lance sous pression.

Le lavage aux rouleaux

C'est le plus répandu, le moins cher, le plus rapide et vous pouvez même, dans certains cas, rester assis dans votre voiture. Vous n'avez qu'à tendre le bras par la vitre pour glisser la pièce

d'un euro dans l'appareil, en prenant soin de bien la refermer aussitôt ! Mais il peut laisser des traces. Le problème avec les rouleaux provient de l'entretien qui est fait sur ce type d'appareil. Si les rouleaux sont entretenus, nettoyés et changés régulièrement, le résultat peut être satisfaisant, par contre si les rouleaux ont dans leurs poils des cristaux de calcaire, ils vont laisser des microrayures sur les carrosseries, surtout pour les voitures de couleur sombre.

Le drame est que l'on ne sait pas à l'avance si l'entreprise a fait le nécessaire ou non. Les rouleaux doivent normalement être changés tous les deux ou trois ans.

Depuis trois ou quatre ans, les automobilistes préfèrent le lavage à haute pression (voir graphiques).

Le lavage à la lance haute pression

Il donne de très bons résultats. Il faut cependant un certain doigté pour bien nettoyer, savoir jongler entre les différents programmes, sinon le coût devient rapidement élevé. Il est très pratique pour les passages de roues et les bas de caisse, et le jet sous pression ne peut en aucune manière laisser des rayures sur la peinture. Si vous tenez à passer le jet sur le moteur, évitez d'approcher de trop près votre lance et de passer sur les éléments électriques, alternateur, démarreur, boîtiers électroniques, boîtes à fusibles, etc. Rappelez-vous que le nettoyage du moteur est fortement déconseillé par le constructeur.

Ce type de lavage remporte actuellement un succès croissant au détriment du lavage manuel à domicile. La qualité du résultat, la proximité des stations de lavage et leur disponibilité sont les atouts les plus importants, sans compter la différence non négligeable de quantité d'eau nécessaire. Avec le lavage aux rouleaux, il faut 200 l d'eau pour seulement 60 l en moyenne avec la haute pression.

Mais pourquoi les stations de lavage ne proposent-elles pas de cartes d'abonnement avec des tarifs dégressifs et des produits de finition en distributeur ?

Conseils pour le lavage manuel

- Il faut s'équiper de plusieurs éponges de différentes tailles : une grosse souple pour les grands éléments de carrosserie et des petites plus denses pour les endroits plus difficiles. Il faut également un seau, une vieille brosse à dents, une peau de chamois et des pulvérisateurs pour projeter les différents produits dans les endroits difficiles à atteindre, ainsi qu'un tuyau d'arrosage.
- Commencez par ouvrir vos portières et nettoyer les seuils de portes, la partie où se trouvent les

charnières de porte et la serrure avec une éponge et du shampoing détachant ou du produit à vaisselle. C'est en général bien sale à cet endroit. N'oubliez pas de passer sur les joints de caoutchouc qui sont de véritables nids à poussière. Rincez bien à l'eau claire. Faites la même chose pour le coffre.

- Passez ensuite aux parties très sales : les bas de caisse d'abord. Vous devez utiliser une éponge de densité assez forte car elle va facilement être déchirée par les bords en tôle du dessous. Inutile pour l'instant de rincer, passez plutôt aux roues et aux enjoliveurs. Pulvérisez dans un premier temps du produit pour les jantes, utilisez la brosse à dents ou le pinceau à poils plastiques pour bien nettoyer les recoins.

Brossez les pneus avec la brosse pour enlever toute trace de boue sèche. Passez ensuite aux rétroviseurs, véritables pièges à saletés, aux baguettes de protection et autour des poignées de portes et du coffre avec la brosse à dents.

C'est au tour des pare-chocs : utilisez une éponge à dos gratteur de couleur beige, mais surtout pas celui de couleur verte qui va le rayer. Ce type d'éponge est proscrit du nettoyage de carrosserie. Ce grattoir est certes très efficace pour enlever facilement la moindre aspérité ou l'insecte collé lorsque la carrosserie est mouillée, mais dès qu'elle est sèche, quelle catastrophe ! Toute la peinture est rayée, il ne reste plus qu'à passer chez le peintre-carrossier.

- Il est temps maintenant de s'occuper de la carrosserie et des vitres avec du shampoing. Commencez par le toit, continuez par le pare-brise, les vitres latérales et arrière. Passez bien l'éponge sous les essuie-glaces qui vont laisser sur votre éponge une trace noire de saleté. Laissez-les sécher avant de les reposer sur le pare-brise.
- Nettoyez ensuite les phares. Attention, toujours pas d'éponge à dos gratteur vert, car certaines optiques sont en polycarbonate et peuvent se rayer très facilement.
- Pour le capot et l'avant du véhicule, vous pouvez utiliser des produits vendus dans le commerce, spécialement étudiés pour enlever les insectes. Notons "Démoustic" d'Abel Auto, le "démoustiqueur" d'Elf, le "nettoyant insectes" de GS27 ou encore "Microfibres" de Scotch Brite par exemple.

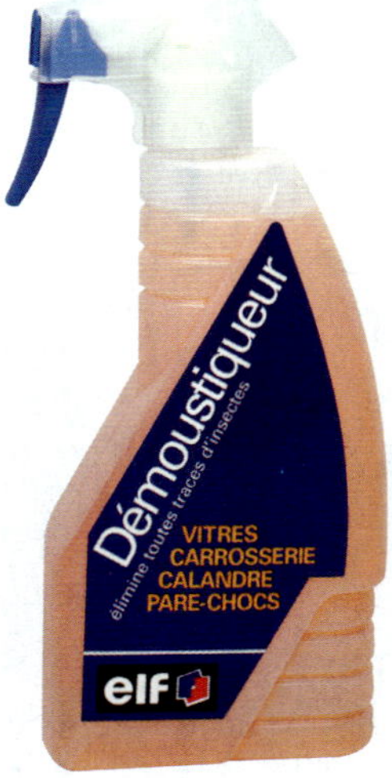

- Après avoir nettoyé au shampoing toutes les autres pièces de carrosserie, passez au jet, abondamment, sans oublier les passages de roues où restent toujours des morceaux de boue. Si vous avez une brosse à mettre au bout de votre tuyau d'arrosage, le rinçage sera beaucoup plus facile et sans projections.
- Il ne vous reste plus qu'à prendre la peau de chamois pour enlever les gouttes d'eau et laisser sécher.

Évitez de laisser sécher votre voiture au soleil car, même si vous avez été très consciencieux avec la peau de chamois, il restera toujours des traces et la peinture sera plus terne.

Conseils pour le nettoyage automatique aux rouleaux

Pensez à baisser votre antenne de toit et à plier les rétroviseurs. Assurez-vous que toutes les vitres sont bien fermées. Si vous avez une antenne téléphonique rigide, il vaut mieux la dévisser avant le lavage.

Conseils pour le nettoyage automatique à haute pression

Commencez par le programme nettoyage des jantes, si elle sont particulièrement sales. Ensuite passez au lavage à l'eau chaude et au shampoing. Commencez par le toit, puis les vitres et les bas de caisse. Donnez toujours un mouvement de haut en bas. Insistez sur le capot avant et le pare-brise pour enlever tous les insectes collés et sur les plaques d'immatriculation.

Passez ensuite au programme rinçage. Faites fonctionner un peu la lance sans diriger le jet sur la carrosserie pour vider le tuyau du restant de shampoing et, dès que l'eau claire arrive, vous pouvez rincer. En général, comme c'est de l'eau déminéralisée avec un additif lustrant, si vous rincez bien, il n'y aura pas de taches au séchage. Mais il vous en aura coûté 2 à 3 euros, selon votre degré de minutie et la propreté de votre voiture.

Conseils pour le nettoyage des vitres

- En hiver, pour enlever la neige ou le givre qui s'est déposé sur votre pare-brise, utilisez une raclette en matière plastique. Afin d'éviter les rayures formées par les saletés, il est conseillé de pousser seulement la raclette et non de lui imprimer des mouvements de va-et-vient.
- Pour nettoyer les vitres, vous pouvez utiliser les mêmes produits que pour les vitres des appartements. Ils vont dégraisser le pare-brise, enlever la cire, le silicone et autres impuretés.

- N'oubliez pas de nettoyer également et régulièrement le pare-brise à l'intérieur. En effet, l'haleine des passagers d'un véhicule et l'air venu de

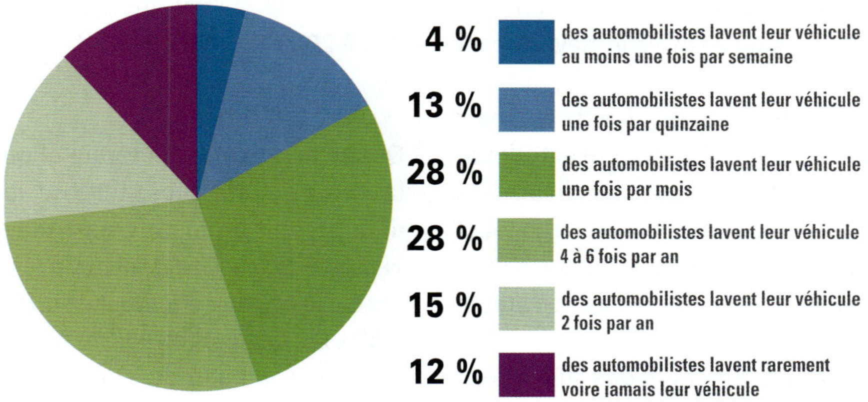

Fréquence du lavage

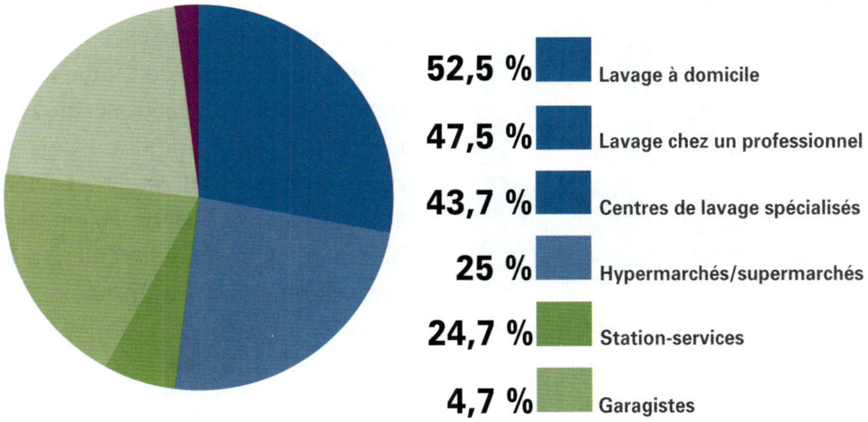

Fréquentation des lieux de lavage

Évolution du lavage

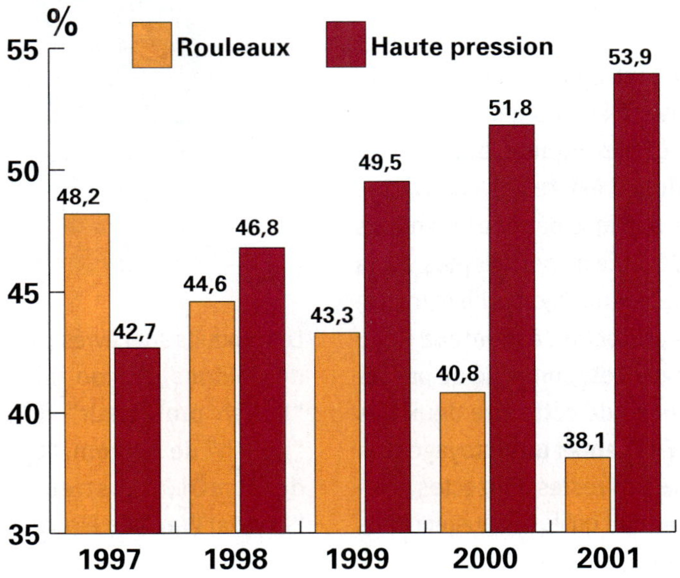

l'extérieur entraînent, à la longue, la formation d'un voile graisseux sur la vitre.

- N'utilisez pas la peau de chamois qui a servi à la peinture extérieure pour le nettoyage intérieur. Des dépôts de produits de protection vont au contraire graisser encore plus la vitre. Utilisez donc un chiffon propre et sec.

Il existe maintenant des "lingettes" très efficaces, spécialement étudiées pour les vitres.

- En ce qui concerne la vitre arrière, ne frottez pas trop fort. Les fils chauffants qui servent au dégivrage sont fragiles et peuvent se décoller et se couper. Si vous devez arracher des autocollants placés sur ces fils chauffants, prenez toutes les précautions pour ne pas les endommager.
- Après le nettoyage de la carrosserie, pensez à la protéger par une cire à application liquide étalée avec un chiffon. Il existe des cires dures que l'on applique dès que les gouttes d'eau de pluie ne perlent plus sur la peinture. Même si on utilise un produit de protection à ajouter à l'eau de lavage, il est conseillé de passer une couche de cette cire deux fois par an. Elle permet un nettoyage bien plus aisé des restes d'insectes écrasés, en évitant qu'ils s'incrustent dans la peinture, surtout l'été.

Pour redonner de l'éclat à votre carrosserie

Le lustrage

Quand la peinture est ternie et que la cire ne suffit plus, l'utilisation d'un produit de lustrage est indispensable. Son but est de nettoyer légèrement la peinture et surtout de la faire briller. Les lustreurs ou *polish* sont des composés à base de cire, de solvants et d'une faible quantité, plus ou moins importante, d'abrasif, les hauts de gamme sont à base de Téflon. Ils apportent en plus une protection pour la peinture. On les passe à l'ombre sur un véhicule propre dont la peinture est en bon état et ne possède pas de craquelures. Déposez un peu de produit sur un coton et frottez légèrement en cercles concentriques pour étaler. Laissez sécher et essuyez avec un chiffon doux, bien sec et votre peinture brille à nouveau comme si elle était neuve.

Les produits sont livrés en général dans des bidons de 500 ml. Retenons : "Polish protecteur" d'Auto Pratic, "Polish" de Belgom, "Cleaner Wax" de ZymÖL, "Lustreur" de GS27, "Crystal Wax" de Flowey, le lustreur de Holts et le lustreur Abel.

Le rénovateur

- Si votre peinture est vraiment trop terne et passée, un rénovateur est indispensable. Il est plus chargé en solvant et en abrasif qu'un lustreur. Il va décrasser en profondeur votre peinture, après il faudra passer une couche de cire dure pour faire briller la carrosserie. En général, le rénovateur est principalement utilisé sur les capots, les toits et les coquilles de portes, où l'on retrouve inévitablement les griffures d'ongles et des microrayures. Pour le reste de la carrosserie, un lustreur devrait suffire. "Polish peintures oxydées" de GS27, "Polish carrosserie" d'Auto Pratic, "Teflon" de Holts, "Polish rénovateur" d'Abel Auto, "Polish de rénovation" d'Elf, "Universal Polish" de Flowey, etc.

- En ce qui concerne les pare-chocs, pulvérisez des produits à base de silicone. L'effet ne dure pas très longtemps. Il existe des produits qui permettent de teinter certains pare-chocs ("Blackchoc") ou de les vernir ("Polytrol"). On peut également les repeindre.

- Pour les cabochons des feux qui deviennent de plus en plus sombres avec le temps (ce phénomène est dû à la poussière qui entre dans l'optique), démontez la platine d'ampoule et nettoyez à l'eau savonneuse, au chiffon ou au pinceau, terminez en séchant bien au sèche-cheveux par exemple, avant de la remonter.
- Pour la propreté et la brillance de votre carrosserie, pensez à Nénette ! Rien de tel pour enlever la poussière de votre voiture et faire briller la carrosserie que de passer un coup de nénette. Il s'agit d'un petit balai muni de longues franges en coton, imprégnées d'un lustrant exclusif le "nénétol". Ces franges vont absorber la poussière et déposer sur la surface un film protecteur imperméable, sans danger pour la carrosserie. Son effet disparaît au lavage de la voiture. Depuis 1947, la Nénette fait briller des générations de voitures et elle est toujours aussi prisée par les automobilistes grâce à son efficacité sur les autos, les motos, les meubles, le cuir, etc. Elle fait économiser pas mal de lavages. La durée de vie du produit peut s'étaler sur plusieurs mois pour une utilisation quotidienne. Dès que les franges sont sales, il suffit d'un lavage en machine et d'une imprégnation de nénétol et vous pouvez recommencer. Attention : application uniquement sur une carrosserie sèche.

Essayez les lingettes

Très en vogue actuellement, il en existe pour toutes les utilisations : du rénovateur cuir, plastiques intérieur, lustrage extérieur, etc.

Conseils pour les dommages sur la carrosserie

Les taches de goudron

Pour une tache récente sur la peinture, vous pouvez enlever le goudron avec un chiffon imbibé de white-spirit. Si le goudron est ancien et très dur, il existe des produits beaucoup plus corrosifs qu'il faut manipuler avec précaution, car leurs excès peuvent endommager le vernis.

La résine des arbres

L'eau très chaude devrait suffire. Si la résine ne disparaît pas, il existe des produits spécifiques vendus en centre-auto.

Les éraflures, les égratignures, les éclats par gravillonnage, doivent être traités le plus rapidement possible.

Une éraflure légère

Suite à un accrochage avec trace de peinture de l'autre voiture, l'éraflure disparaît avec un chiffon et de la crème légèrement abrasive. Frottez sans appuyer. La peinture étrangère doit s'en aller. Ces produits sont appelés "efface-rayures". Vous trouverez "Efface rayures" de GS27, celui de Décapex Auto, celui d'Abel Auto et l'"Efface micro-rayures"de Holts.

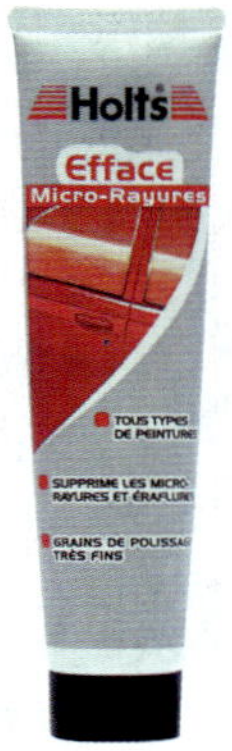

Une égratignure, rayure superficielle ou éclat

Il faut traiter avant que la corrosion ne s'installe. Il existe chez les concessionnaires ou dans les centres-autos des stylos-retouche de la couleur de votre peinture d'origine. Il suffit de l'appliquer juste sur la rayure. Si vous n'êtes pas très satisfait du résultat, vous avez la solution un peu plus compliquée du vaporisateur. Dans ce cas, il faut procéder à une préparation plus minutieuse avec pose de protections antiprojections. Avec l'aérosol, vous devez multiplier les passages légers de peinture pour obtenir un résultat satisfaisant, mais attention, pas trop de peinture !
Si un peu de rouille s'est déjà formée, il faut l'éliminer. Ensuite, passez à cet endroit une couche d'anticorrosion, puis une peinture de finition par-dessus, au vaporisateur par exemple.

Conseils pour les jantes

Les jantes en acier

Les jantes et les bouchons de roue doivent être nettoyés à fond à l'occasion de chaque lavage, avec une brosse à dents ou un pinceau par exemple. Les déchets dus aux poussières de freins, la saleté des routes, les sels de dégel, restent collés. Ils rendent vos jantes crasseuses et attisent la corrosion. Si vous avez des difficultés à enlever ces déchets, utilisez un produit pour poussières industrielles ou des produits spéciaux pour les jantes auto. Certains sont très efficaces, d'autres moins, mais il faut les laisser agir un certain temps.

Les jantes en alliage léger

Si vous voulez que vos jantes gardent leur aspect décoratif pendant longtemps, il faut les entretenir. Enlevez systématiquement, toutes les deux ou trois semaines, les dépôts d'usure des freins et autres saletés qui risquent d'attaquer le métal léger. Les jantes doivent être traitées avec un produit non acide spécial pour les jantes alu. Il existe dans le commerce des produits qui contiennent des produits agressifs et qui peuvent attaquer la couche superficielle des jantes. Ne laissez en aucun cas agir ces produits très longtemps. Si vous ne trouvez aucun produit à votre convenance, il vous reste le mélange d'eau et de vinaigre concentré avec du savon noir qui donne des résultats assez convenables. Traitez ensuite vos jantes avec une couche de cire dure. N'utilisez pas de produits de lustrage ou d'abrasifs. Si la couche de

peinture a été endommagée par gravillonnage par exemple, il faut la retoucher immédiatement.
Citons quelques produits pour les jantes :
"Jantor" de Prédator Auto ;
"Net jantes" d'Abel Auto ;
"Jantes formule sans acide" de Holts ;
"Gel jantes" de Norauto ;
"Nettoyant jantes" de Flowey et de Néoclean ;
"Rénovateur jantes" d'Elf et aussi d'Éléphant bleu.

Pour les soubassements

Le dessous du véhicule subit lui aussi des attaques des agents chimiques et mécaniques, des gravillonnages, qui endommagent le traitement dont a bénéficié votre voiture en fabrication. Cette couche protectrice du soubassement et du châssis doit être vérifiée deux fois par an, à l'entrée de l'hiver et au début du printemps. Si vous pensez qu'elle doit être retouchée, il existe des produits contre la corrosion, à vaporiser, qui sont efficaces. Surtout ne pas en appliquer sur les tôles calorifuges qui protègent le catalyseur, ni sur les tuyaux d'échappement. Il n'est pas conseillé d'enlever ces tôles de protection (voir le chapitre sur les pots).

Conseils pour l'entretien intérieur de votre voiture

Les sols

Si votre moquette ressemble à un vieux paillasson plein de taches, ne vous découragez pas. Il existe des produits qui vont lui redonner sa couleur et sa souplesse, mais ce ne sera peut-être pas suffisant. Vous avez à votre disposition :
"Tissus moquettes" de Holts ;
"Carpet cleaner" de Meguiars
"Nettoyant moquettes" d'Abel Auto et d'Auto Pratic ;
"Détachant tapis-tissus" de Prestonet ;
"Nettoyant intérieur" d'Auto Glym.
Si ces produits ne suffisent pas, vous trouverez chez un teinturier, en location, un aspirateur à injection-extraction, qui va détremper les tapis. Vous brossez légèrement et l'aspirateur va aspirer l'eau par une petite canule que vous promenez sur la moquette. Ensuite, laissez sécher quatre heures environ.
Pour éviter que votre moquette s'use trop rapidement, notamment au niveau des pédales et du repose-pied, ou afin d'éviter les taches indélébiles, prévoyez l'achat d'un jeu complet de tapis de sol. Comptez un investissement de 20 à 150 euros, votre véhicule sera plus présentable, surtout lors de la revente.
Il existe des aspirateurs fonctionnant en 12 V qui se branchent sur la prise d'allume-cigare ou sur des prises prévues à cet effet, dans le coffre. C'est très pratique.

Les sièges

Pour les taches sur les sièges, vous pouvez utiliser un produit spécifique :
"Bastic" de Prédator Auto ;
"Détachant tissu" de Néoclean ;
"Détachant textile" d'Elf ;
"Nettoyant tissu" de GS27, de Belgom, de Norauto, ou tout simplement des détachants pour tissus. Une fois le produit bien étalé et sec, aspirez le produit avec l'aspirateur de la maison ou celui des stations de lavage, qui est en général plus puissant. Pour les gros dégâts sur les fauteuils, pensez à l'aspirateur à injection-extraction.

Les taches particulières

- La graisse et le cambouis : si la tache est fraîche, saupoudrez de terre de sommière pour absorber le superflu avant qu'il ne s'incruste dans le tissu ou le cuir. Nettoyez ensuite avec de l'essence minérale ou du détachant liquide, comme l'eau écarlate ou le K2R. Faites cependant attention aux auréoles.
- Le chocolat : laissez sécher et grattez le chocolat. Passez ensuite à l'eau et au savon.
- Le rouge à lèvres : frottez la tache avec de l'alcool ménager ou à 90°. Terminez le nettoyage avec de l'eau tiède et un tout petit peu de liquide vaisselle.
- Le stylo à bille : versez de l'alcool ménager ou essayez avec l'effaceur.
- Le chewing-gum : frottez avec un glaçon jusqu'à ce qu'il soit dur. Ensuite, grattez-le pour qu'il se décolle du

tissu ou de la moquette. Éliminez les traces avec un alcool ménager. Mais si vous êtes prévoyant, les housses de siège sont indispensables. Vous avez la possibilité de choisir un produit de bonne qualité, sur mesure, lessivable et relativement cher, mais durable, ou profiter des promotions des grandes surfaces qui proposent des housses d'un bon rapport qualité/prix. Attention cependant à la forme des housses proposées et méfiez-vous des "adaptables" ! Assurez-vous en particulier de la compatibilité avec vos sièges, qui possèdent ou non des airbags latéraux. La housse ne doit en aucun cas gêner le fonctionnement de cet élément de sécurité.

Les sièges en cuir

Pour conserver au cuir son caractère authentique et naturel, il convient de prendre un grand soin des équipements en cuir et de les entretenir régulièrement. Les particules de poussière et de saleté peuvent frotter dans les pores, les plis et les coutures et abîmer la couche superficielle. Si le véhicule est garé pendant une période prolongée au soleil, protégez le cuir d'une insolation en le recouvrant d'un tissu. Vous éviterez une décoloration, un assèchement et des craquelures. Sur un cuir un peu sec mais non encore craquelé, passez une ou deux applications de crème à base d'huile animale, laissez le cuir s'imprégner, enlevez après quelques minutes le surplus de crème avec un chiffon sec non pelucheux et votre cuir retrouvera un nouvel éclat. Surtout ne traitez pas le cuir avec des solvants s'il est taché, ni avec de l'encaustique, du cirage, du détachant ou autres produits. En cas de tache, il existe des nettoyants spécifiques pour cuir, ou la terre de sommière par exemple. Pour les petits accidents, les surfaces encrassées, utilisez une solution d'eau savonneuse (deux cuillérées à soupe de savon neutre pour un litre d'eau). Ne laissez jamais le liquide pénétrer dans le cuir à aucun endroit. Essuyez tout de suite avec un chiffon sec.

La meilleure solution pour l'entretien des cuirs est la prévention. Passez régulièrement une lingette spéciale cuir et, tous les six mois, utilisez un produit d'entretien spécifique en petite quantité afin de nourrir le cuir. Laissez-le agir et essuyez-le avec un chiffon doux.

Les plastiques

Sur ceux du tableau de bord, de la console centrale, des garnitures de portes, etc., tout d'abord passez un bon coup d'aspirateur. Ensuite, passez un chiffon humide, une éponge imprégnée d'un liquide détergent ou une lingette. Dans tous les petits recoins, utilisez la brosse à dents, le long des interrupteurs en particulier. Une fois le lavage effectué, passez un chiffon sec et doux non pelucheux ou une peau de chamois. Pour rafraîchir ces plastiques, vous pouvez projeter un produit à base de silicone qui sera du meilleur effet. Essuyez le surplus, mais comme le produit est gras, évitez d'en projeter sur le pare-brise côté intérieur.

Les ceintures de sécurité

Veillez à la propreté des ceintures de sécurité. Si vos sangles sont fortement encrassées, elles peuvent se coincer. Le contrôle technique vérifie d'ailleurs leur bon fonctionnement. Si vous devez les laver, utilisez une solution d'eau savonneuse. Ne les enlevez pas et, en cas de nettoyage à l'eau, ne les repliez pas encore mouillées.

Remarque : Quand vous achetez un produit pour l'entretien de votre voiture, choisissez de préférence des produits écologiques. Si vous ne conservez pas les restes de ces produits, ne les jetez pas dans le bac à ordures ménagères. Considérez ces produits comme des produits toxiques.

CHOISIR SON GARAGISTE

Vous avez décidé de confier l'entretien de votre voiture à un professionnel. À qui allez-vous vous adresser ? À un concessionnaire de la marque de votre voiture ? À un agent de la marque ? Dans un centre-auto ? À un spécialiste ? Ou à un garagiste indépendant ?

Quels sont les avantages et les inconvénients de chacun d'eux ?

Le concessionnaire

C'est le spécialiste de la marque. Les mécaniciens qui travaillent dans les concessions connaissent parfaitement les modèles de la marque. Ils ont été formés aux toutes dernières technologies utilisées, ils connaissent les points faibles et les pannes répétitives sur chaque type de véhicule de la marque. Comme ils travaillent des centaines de fois sur le même modèle, ils sont beaucoup plus efficaces que celui qui n'intervient seulement que quelquefois par an. Ils possèdent les outils les mieux adaptés pour faire telle ou telle réparation.

Comme les techniques sur les véhicules modernes sont de plus en plus sophistiquées et font appel à l'électronique, le concessionnaire possède des appareils de diagnostic de plus en plus pointus. Ces appareils coûtent très cher et, très souvent, seule la concession peut investir et rentabiliser un tel matériel. Avec son volume de véhicules à réparer, la concession peut se permettre d'offrir des services qui n'existent nulle part ailleurs, comme le prêt de véhicule de remplacement (appelé parfois véhicule de courtoisie !) ou encore le lavage systématique des véhicules après une réparation.

En général, c'est dans les concessions qu'on trouve le magasin des pièces détachées de la marque, on est donc quelquefois, pour certains articles, plus vite servi, en particulier pour les accessoires. La concession n'utilise que les pièces d'origine prévues par le constructeur, en général, de grandes marques. On est donc sûr de la qualité.

L'inconvénient principal des concessions est le prix élevé de l'heure de main-d'œuvre et donc des prestations proposées. Par contre, les forfaits peuvent être parfois intéressants. Exemple : Sur certaines voitures, il est parfois nécessaire de changer les pneus tous les 30 000 km, il est donc rentable dans ce cas de prendre un forfait. L'autre inconvénient est la situation de la concession qui se trouve souvent à la périphérie des villes, donc rarement proche du domicile.

La clientèle est nombreuse et il n'est pas rare de faire la queue le matin quand on y apporte son véhicule pour une intervention. Même si le réceptionnaire est très souvent d'un bon accueil, charmant et efficace, il n'a pas beaucoup de temps à consacrer à chaque client.

L'agent de la marque

Il connaît bien la technique de sa marque et peut intervenir sur n'importe quelle panne. Le constructeur l'oblige à acheter un appareil de diagnostic pour intervenir sur les pannes complexes et, en cas de difficulté, il peut toujours compter sur l'assistance technique de la concession.

Il est tenu d'appliquer les temps prévus par les constructeurs pour chaque intervention, donc pour la facturation, pas de dépassement possible. Son taux horaire de main-d'œuvre est moins élevé que celui de la concession. Par contre, il applique des prix identiques pour les forfaits. Ils sont fixés par la marque et assez compétitifs : vidange, freins, échappements, pneumatiques, recharge de climatisation, etc.

L'agent de la marque n'utilise lui aussi que les pièces d'origine, préconisées par le constructeur.

Il est plus proche de ses clients,

aussi bien par la situation de son garage que par sa disponibilité.
L'agent sera donc recommandé pour tout ce qui est entretien périodique (courroie de distribution par exemple), pour appliquer les forfaits si vous avez choisi cette option, pour toutes les interventions en garantie et les pannes plus ou moins complexes des équipements. Il saura vous prodiguer tous les conseils pour votre voiture.

L'agent toutes marques ou sans marque (appelé aussi MRA : mécanicien réparateur automobile)

Par définition, il n'est affilié à aucune marque. Il n'a aucune contrainte de prix ou de temps imposée par le constructeur. Les prix qu'il pratique sont donc fonction de son appréciation du temps passé. En général, il passe plus de temps que ne le prévoit le constructeur pour une réparation, car il n'est pas un spécialiste de la marque. Mais souvent, il ne facture pas ce dépassement. Il prend le temps de parler avec le client, de le rassurer et de lier des contacts privilégiés, qu'aucun autre professionnel ne peut assurer.
Il sait se rendre disponible et n'hésite pas à se déplacer pour satisfaire ses clients. Certains sont ouverts 12 h/jour.
L'agent toutes marques est idéal pour les pannes courantes et la réparation classique des pièces d'usure (freins, amortisseurs, batterie, petites pannes électriques sur l'éclairage etc.). En effet, il n'a pas la formation ni le matériel nécessaire pour diagnostiquer ou réparer les pannes des systèmes électroniques par exemple, sauf s'il s'est spécialisé dans un domaine particulier.
Il n'utilisera pas forcément des pièces d'origine et n'hésitera pas à monter de "l'adaptable" ou même des pièces d'occasion, lorsqu'il ne s'agit pas de pièces de sécurité (voir paragraphe suivant).
L'agent toutes marques sait en général s'adapter aux possibilités financières de ses clients.

Les centres-autos

Leurs principaux avantages sont : la rapidité de l'intervention, le sans rendez-vous et les prix pratiqués. Les grandes marques ont bien compris l'attrait des centres-autos pour les automobilistes et proposent maintenant, après quelques années de retard, des services équivalents, des

"services rapides" chez Peugeot, des "Renault minute", etc.
Le prix de leurs interventions est établi sur la base de forfaits, moins chers que la concession ou l'agent de la marque, car ils se sont spécialisés dans l'entretien et la réparation des pièces d'usure, comme les échappements, les freins, les amortisseurs, les vidanges, les batteries et les pneumatiques. Ils vous proposent dans les boutiques bien achalandées toutes sortes de produits et d'accessoires pour la voiture.
Leur point faible : ils ne réparent que les pannes qui concernent leurs spécialités ; pas d'électricité par exemple, et même sur des pièces d'usure, ils n'interviennent pas sur toutes les voitures. Par exemple, vous pouvez vous faire poser une attache-caravane dans un centre-auto, mais vous devrez aller à la concession pour faire installer la prise électrique.
Jusqu'à présent, les mécaniciens des centres-autos souffraient de manque de formation et de compétence. Les réseaux font maintenant de gros efforts de formation pour leurs employés.
Les pièces utilisées pour la réparation sont en général des pièces adaptables, mais on peut trouver maintenant certaines pièces qui sont aussi des pièces de marque montées sur les voitures neuves (elles sont appelées "marque de première monte").
Leurs interventions sont toujours très rapides et la petite réparation qui ne fait pas partie de la demande ne sera pas faite. Par exemple, si vous demandez qu'on vous change les plaquettes de frein, il n'est pas évident que l'on vous graissera les pièces de guidage qui participent au bon fonctionnement du système, comme le ferait un agent.
Les centres-autos sont donc destinés à l'entretien courant sur les systèmes classiques, pour des gens pressés et qui souhaitent consacrer un minimum d'argent pour l'entretien de leur véhicule.

Les spécialistes

Ils se sont spécialisés dans un domaine bien précis, le pneumatique par exemple, ou la climatisation, les vitres. Il n'est donc pas possible ou très rarement de leur demander d'intervenir sur un système qui n'est pas de leur compétence. Comme leur secteur d'intervention est encore plus réduit que celui des centres-autos, les factures sont les moins chères avec un maximum de qualité dans les réparations. Dans ces centres, l'accueil est toujours excellent et les opérateurs seront toujours disponibles pour vous donner les meilleurs conseils.
Suivant les centres, la pratique du "sans rendez-vous" est courante.

Les droits et les devoirs des relations clients/professionnels

L'ordre de réparation

Quel que soit l'endroit où vous allez laisser votre véhicule pour une intervention, il faut obligatoirement remplir une demande de travaux que l'on appelle "ordre de réparation".
Dans les concessions et dans la plupart des garages, sur cet imprimé, sont mentionnés vos coordonnées et l'identité exacte de la voiture, vos constatations sur un dysfonctionnement ou simplement une demande de travaux. C'est au réceptionnaire de rem-

Constatations Client :	*M.* *Tel :* *Adr :*	*N°OR :* *Responsable :*	DEMANDE DE TRAVAUX
	Marque : | *Type* | *1er mise en circulation :*	*Réserves et Observations :*	Réception le : | Faite par : M.
			Kilométrage | Carburant 0 ¼ ½ ¾ 1
	N°Immatricul. | *N° Série :*		Référence Devis | Date limite de livraison
DIAGNOSTIC	*DESIGNATION DES TRAVAUX*	**D R G C E**	A VOTRE SERVICE
Pour le réparateur *Visa réceptionnaire*	**Accord Client**	**D** : Dépose-Pose, **R** : Remise en état, **G** : Réglage, **C** : Contrôle, **E** : Echange	

plir ce document. Il doit noter également les caractéristiques de votre voiture en notant le kilométrage, les impacts et rayures de la carrosserie, le niveau de votre carburant dans le réservoir et tout défaut qu'il pourrait apercevoir, ainsi que la date de remise de la voiture. Vous devez signer ce document. Il sert à protéger les deux parties, vous et le garagiste, de toute contestation sur d'éventuels incidents survenus pendant le séjour de la voiture dans le garage. Si les travaux dépassent ce qui a été prévu, le garagiste doit vous avertir et décider avec vous des suites à donner à votre demande. Aucun travail supplémentaire ne doit être fait sans votre accord. On doit vous remettre un double de l'ordre de réparation et les autres copies vont servir, à l'opérateur pour faire son diagnostic et la réparation, et au service financier pour établir votre facture à la restitution. Dans le cas d'une panne, indiquez seulement les symptômes, ne proposez pas de pièces à changer, c'est au réceptionnaire spécialiste de le faire. Il doit être capable de faire un bon diagnostic à votre place. Il arrive que des petits garages n'aient pas recours à ce genre de pratiques, demandez alors que soient notés sur papier libre avec cachet de l'entreprise les travaux que vous avez demandés.

Les centres-autos et les spécialistes doivent utiliser aussi les ordres de réparation, mais, en général, ils se servent de simples demandes de travaux car le temps d'intervention est très court et le client reste sur place.

L'obligation de résultat

À partir du moment où le garagiste accepte d'effectuer les réparations que vous avez demandées sur votre véhicule, il prend l'engagement de les réaliser efficacement et dans les règles de l'art. C'est ce qu'on appelle "l'obligation de résultat". Si votre véhicule tombe à nouveau en panne après une intervention chez un professionnel et pour les mêmes motifs, le garagiste est tenu responsable de l'incident, car on juge qu'il n'a pas fait correctement le travail demandé. S'il y a litige, c'est à lui de prouver qu'il a effectué la réparation correctement et qu'il n'a pas commis de faute et non à vous de prouver qu'il a fait une faute. Vous, vous n'avez qu'à constater le défaut et demander réparation.

Avant toute procédure, il est préférable d'entreprendre une démarche à l'amiable auprès du garagiste. Tout d'abord, expliquez-lui vos remarques ou reproches et essayez de trouver un terrain d'entente. Si vous sentez de la mauvaise volonté et une fin de non-recevoir, envoyez en recommandé avec accusé de réception une lettre décrivant les circonstances de la panne et les défauts que vous avez constatés suite à la réparation. Si vous n'avez aucune nouvelle, adressez-vous à une association de consommateurs ou au service de la consommation. Vous y serez bien conseillé sur les démarches à entreprendre.

En dernier lieu, vous pouvez saisir le tribunal pour obtenir gain de cause : le tribunal d'instance si le montant de votre demande (réparations, frais de remplacement de votre voiture, dommages et intérêts, etc.) ne dépasse pas 7 700 euros, le tribunal de grande instance pour un montant supérieur.

La présomption de faute du garagiste

Le garagiste n'est pas un professionnel comme les autres, il travaille sur un objet dangereux qui peut mettre en cause la vie d'autrui. C'est pour cette raison que l'activité de garagiste est très réglementée. Les réparations ne peuvent être effectuées n'importe comment. Parce que le garagiste a des connaissances techniques supérieures à celles de son client, en cas de litige, le code civil et la jurisprudence mettent en cause la responsabilité du professionnel en premier chef. C'est la présomption de faute.

Quelques conseils

Quand vous laissez votre voiture dans un garage, essayez de ranger l'intérieur de l'habitacle, de ne pas laisser traîner des pièces de monnaie, des objets personnels, des CD par exemple. Normalement, le réceptionnaire va prendre tous ces objets et les mettre dans un sac plastique qui vous sera restitué en même temps que la voiture, mais il vaut mieux prendre les devants.

Munissez-vous :

- de la carte grise de la voiture pour avoir les données précises du véhicule ;
- du carnet d'entretien pour connaître les opérations d'entretien périodique qui ont été effectuées ;
- des anciennes factures.

N'oubliez pas le code de l'autoradio car, si le garagiste débranche la batterie, votre autoradio ne fonctionnera plus tant que le code n'aura pas été reprogrammé.

Les pièces de rechange

Il existe plusieurs types de pièces de rechange :

La pièce "d'origine"

Elle est neuve et a été spécialement étudiée par les constructeurs pour la réparation d'un type précis de véhicule. Ces pièces sont vendues dans le réseau du constructeur et bénéficient d'une garantie. Leur coût est élevé, mais vous pouvez compter sur la qualité, la longévité et la sécurité.

Pour les véhicules qui sont utilisés intensément et qui font appel à des technologies complexes, la pièce d'origine est la meilleure solution sans risque qui apporte le confort et la tranquillité de l'usager.

Les pièces "adaptables"

Elles sont fabriquées par des équipementiers qui suivent le cahier des charges du constructeur. Elles ont la marque de l'équipementier et sont vendues dans les magasins spécialisés, les garages, les centres-autos et les hypermarchés.

Elles offrent un bon niveau de qualité puisqu'elles répondent au cahier des charges du constructeur. Elles ressemblent aux pièces d'origine, mais on n'est pas assuré de la même longévité ni de la même fiabilité.

Elles sont en général moins chères. Il arrive que les marques qui fabriquent les pièces d'origine pour les constructeurs commercialisent également, sous leur nom, les mêmes pièces comme "adaptables".

Comparez le poids entre un pot d'échappement d'origine acheté chez le concessionnaire et le même pot en "adaptable" dans un magasin de pièces détachées. Il est évident qu'il sera moins lourd dans le dernier cas, donc de moindre qualité.

Autre exemple sur les plaquettes de frein : si les plaquettes ne sont pas d'origine, vous courez le risque qu'elles soient trop dures, et c'est alors le disque qui va s'user plus rapidement. Connaissant le prix des disques de frein, vous pouvez faire le calcul de l'économie réalisée.

Comment faire alors ? Il ne nous reste plus qu'à nous fier aux marques. Si c'est une grande marque qui équipe déjà les voitures neuves, on peut espérer que la qualité sera la même.

Pour tous les éléments de sécurité, comme les freins par exemple, il est fortement conseillé de prendre les pièces "d'origine" ou de grandes marques, même si elles sont plus chères.

Les pièces en échange standard

Ce sont des ensembles pour lesquels vous devez laisser la pièce défectueuse pour en obtenir une nouvelle. Ces ensembles comportent des pièces d'occasion qui ont été révisées et des pièces neuves. Elles

ont été contrôlées et montées par des établissements spécialisés.
Quand elles sont vendues dans les magasins des concessions, ces pièces sont agréées par les constructeurs, donnant ainsi un gage de qualité. Elles sont en général garanties au même titre que les pièces neuves.
Quand elles sont vendues dans les autres magasins, la fiabilité n'est pas assurée totalement, mais elles sont en général sous garantie. Cette pratique d'échange standard se fait régulièrement pour les moteurs, les alternateurs, les démarreurs, etc.

Les pièces prises dans les casses

Si vous avez un véhicule déjà ancien, les pièces vendues chez les concessionnaires et dans les autres magasins de pièces détachées deviennent vite beaucoup trop chères vis-à-vis de la valeur de votre voiture.
Vous avez donc la solution d'aller dans une casse. La pièce sera d'occasion mais 50 % moins chère. S'il s'agit de pièces qui n'ont pas de relation avec la sécurité, c'est peut-être une bonne solution. Mais vous aurez beaucoup de difficultés à trouver un professionnel pour vous les monter. Seul un petit garagiste indépendant acceptera peut-être, en prenant beaucoup de précaution, car il engage sa responsabilité pour des pièces qu'il n'a pas choisies lui-même. Le risque est énorme pour lui. Cette pratique est cependant intéressante pour les éléments de carrosserie, où là, il y a peu de risques, ou pour les pièces comme les démarreurs, alternateurs, feux, etc.

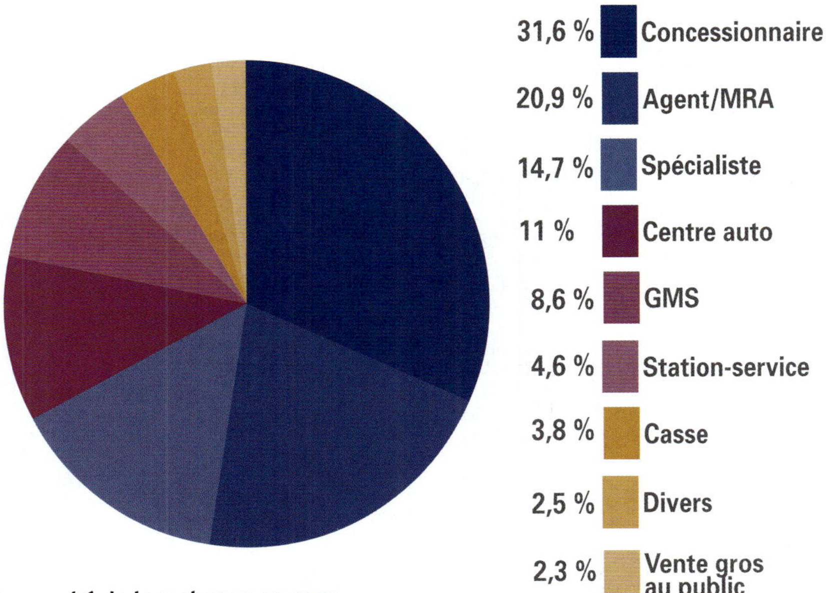

Le marché de la rechange en 2001 (vente au consommateur)

Les solutions clés en main pour entretenir facilement votre voiture.

- Remplacer le carnet de bord constructeur.
- Mieux connaître votre véhicule.
- Faire facilement tout l'entretien : une méthode détaillé étape par étape.
- Intervenir sur des opérations mécaniques plus lourdes.
- Préparer avec succès votre voiture au contrôle technique.

Vous faire plaisir !

Format : 21 x 27 cm
Prix : 21,33 €

CITROËN	Revue	Code
2 CV 4 - 2CV6 - camionettes 250 et 400 depuis 70 et jusqu'à fin de fab.	297	13774
Dyane-Dyane 6 (33 ch) - Acadiane Méhari et Méhari 4 x 4 (Fin de fab.)	279	12946
LN 3CV (77/79)	372	4881
LNA (4CV) 2 cylindres 79/86	396	4905
AX essence tous types (fin de fab.)	478	10666
AX 14 Diesel (fin de fab.)	503	11856
Saxo essence 8 et 16 soupapes 1.0 - 1.1 - 1.4 - 1.6 (jusqu'à 2003)	588	13447
Saxo Diesel (96/00)	596	14238
Axel 1130, 1300 cm3 (85/90)	459	4968
Visa-Visa II-moteur bi-cylindre (79/88)	386	4895
Visa et C15 tous types 4 cylindres essence sauf GTI (79/89)	387	12970
Visa Diesel & C15 D (84/95)	470	12971
GS 7CV 1220 et GSX 2 (73/79)	325	4834
GS 1130, GSX 3 1300 cm3 (77/81)	389	4898
GSA 1130 et 1300 cm3 (80/85)	399	4908
ZX essence moteurs 1.1 - 1.4 - 1.6 - 1.8 - 1.8 16V - 1.9 - 2.0 - 2.0 16V tous types (fin de fab)	724	14389
ZX Diesel et Turbo D jusqu'à fin de fabrication	548	13424
Xsara essence 1.4 - 1.8	609	15802
Xsara 2 essence depuis 09/00	647	18857
Xsara Diesel (moteur XUD) jusqu'à 09/00	613	16329
Xsara 2 Diesel 1.9D depuis 10/98 2.0 HDi depuis 9/00	644	18833
Xsara Picasso Diesel HDI	635	18287
Xsara Picasso ess. depuis 12/99	650	18860
BX 14 tous types (fin de fab.)	703	11175
BX 15, 16 & 19 jusqu'à fin de fab.	702	12205
BX Diesel et TD tous types jusqu'à fin de fab.	445	11845
Xantia 4 cylindres essence jusqu'au modèle 96 inclus	559	9689
Xantia 1.9 - 2.1 (atmo et turbo) Diesel (93/00) moteurs 2.0 HDi	568	11196
CX 2000 et CX 2200 essence (73/79)	354	4862
CX Athéna & Reflex, CX20, CX20 TRE, CX22 TRS (80/89)	395	11836
CX 2400 et CX 2500 carbu., inj., GTI, turbo (76/90)	376	11739
CX 2200D-2500D-TD tous types (76/90)	369	15856
XM essence 4cyl. (89/98) & Diesel (90/96)	701	12684
Evasion essence 1.8 et 2.0 et Diesel (Turbo) 1.9 et 2.1 (95/98)	576	11909
• C3 essence	672	19759
• C3 Diesel	664	19661
C5 Diesel (2001)	654	19417
• C8 Diesel depuis 06/02	669	19755
Jumpy Diesel XUD (Atmo. et Turbo)	590	13762
Berlingo essence 1.1 - 1.4 et Diesel XUD	602	14982
C 25 Diesel (81/91)	126	11823
Jumper Diesel 1.9 et 2.5 (atmo. et turbo à Inj. Directe)	583	12527

PEUGEOT	Revue	Code
104 tous modèles jusqu'à fin de fabrication	733	17721
106 essence & Diesel jusqu'au modèle 1999 inclus	539	11864
205 essence 0.9, 1.1, 1.3 tous types jusqu'à fin de fabrication	708	11180
205 essence 1.6 - 1.9 - Open - Gentry - Sacré numéro - Génération 205 - CTi et GTi (fin de fab)	707	11179
205 Diesel et TD tous types jusqu'à fin de fab.	456	11848
206 essence1.1 - 1.4 - 1.6 8 et 16 soupapes jusqu'à sept. 2001	621	16982
206 Diesel	628	17692
304 Diesel (76/80)	379	4888
305 GL (78/89) GR, SR jusqu'à 85	381	4890
305 GR, SR (86/89) GT, GTX, auto (83/89)	441	11746
305 Diesel tous types (serie 1 et 2) jusqu'a fin de fab.	734	17720
306 essence 8 et 16 soupapes 1.1 - 1.4 - 1.6. 1.8 - et 20 jusqu'au mod. 2000 inclus	565	10892
306 Diesel moteur XUD (atmo. et turbo) et DW8 jusqu'à fin de fab.	569	19000
Peugeot 306 Diesel HDI	639	18488
309 essence 1.1, 1.3, 1.4 tous types jusqu'a fin de fab.	706	11178
309 essence 1.6-1.9 (86/93) Gt - GTI - GR - SR (87/90)	705	11177
309 Diesel et Turbo D jusqu'a fin de fab.	483	12628
405 essence sauf 1.4 et Diesel (Atmo. et Turbo) jusqu'a fin de fab.	726	15770
406 4 cylindres essence 1.6 - 1.8 2.0 (XU et EW) (96/00)	592	13911
406 Diesel et TD et 2L . HDI (96/00)	589	13448
504, 504GL, 504 L et Dérivés (69/82)	282	4800
504 Diesel (71/82)	311	4821
505 essence et Diesel (80/92)	729	16826
604 D turbo, GRD, SRD (79/86)	411	4920
605 4cyl. essence (90-96) et Diesel 2.1 et 2.5 (90-95)	704	11176
806 essence 1.8 et 2.0 et Diesel (Turbo) 1.9 et 2.1 (95/98)	576	11909
• 807 Diesel depuis 06/02	669	19755
Expert Diesel XUD (Atmo. et Turbo)	590	13762
Partner essence 1.1 - 1.4 et Diesel XUD	602	14982
J5 Diesel (81/91)	126	11823
J7 essence (65/80)	358	4866
Boxer Diesel 1.9 et 2.5 (atmo. et turbo à Inj. Indirecte)	583	12527

TALBOT-MATRA-CHRYSLER-SIMCA	Revue	Code
1307 GLS - 1307 S - 1308 GT - 1309 SX (76/79)	355	4863
Horizon tous modèles essence (78/85)	380	4889
Solara et 1510 (81/85)	404	4913
Samba tous types (82/86)	422	4931

RENAULT	Revue	Code
4 (4 et 5 CV) - (61/86)	288	4804
4 TL et 4 GTL Fourgonnettes F4 et F6 moteurs 956 et 1108 cm3 jusqu'à fin de fab.	388	9312
5L, TL, Laureate L mot. 782, 845, 956 cm3 (72/85)	318	4827
5 TL et GTL mot.1100 (80/85)	397	4906
5, 1300 et 1400, LS, TS, Monte Carlo, TX, Autom. Le car (74/85) GTL jusqu'à 80	426	11842
Super 5 et Express 956, 0.9 à 1.4 sauf GT Turbo jusqu'à fin de fab.	711	11183
5 GTX et Baccara BV manuelle (87/90)	518	9152
5 GT Turbo. Jusqu'à fin de Fab.	464	10481
5 et Express Diesel jusqu'à fin de fabrication	480	12657
Twingo (93/2004)	558	11395
Kangoo essence 1.2 et 1.4	632	17724
Kangoo Diesel (97-99)	610	16191
Clio essence 1.1, 1.2, 1.4 jusqu'à fin de Fab.	523	11576
Clio 1.7, 1.8 et 16S (90/93)	546	9143
Clio II essence (depuis 03/98) 1.2 - 1.4 - 1.6, 8 soupapes	620	16983
• Clio II essence 1.2, 1.4, 1.6 depuis 6/01	666	19702
Clio Diesel tous types jusqu'à fin de fab.	534	12187
Clio II Diesel (depuis 03/98) (Mot. Inj. Indirecte)	624	17493
Clio II Diesel (phase II)	657	19297
6 et 6 L, 5 CV (69/80)	276	4796
9 et 11 essence (1100, 1200 et 1400) (82/89)	423	9324
9 et 11 (moteur 1721) (83/89) essence	443	13429
9 et 11 Diesel (83/89)	439	4948
12 tous types sauf Gordini (71/80)	352	4860
14 L, TL, GTL (76/83)	368	4868
14 TS (76/83)	394	4903
15 TL, GTL, TS (72/79)	313	4823
16 TX et TX automatique (74/80)	339	4848
18 TL (fin de fabrication), GTL jusqu'à 82, 1397 cm3 et Serie 2 (78/86)	384	4893
18 GTL (82/86), TS-GTS-GTX (78/86). mot. 1647 et 1995 cm3	382	4891
18 Diesel et Turbo Diesel (80/86)	415	4924
18 Turbo, 110 et 125 ch (81/86)	419	4928
19 essence et Diesel (88-96)	700	17586
Mégane et Scénic essence jusqu'au modèle 1999	593	14235
Mégane et Scénic Diesel (95/99)	587	13446
Renault Mégane et Scénic Phase 2 essence depuis 99	642	18722
• Mégane et Scénic Phase 2 Diesel	656	19454
• Renault Mégane 2 Diesel (depuis 09/02)	668	19754
Fuego TL (fin de fab.) GTL jusqu'à 82 1397 cm3	406	4915

Fuego GTS, TX, GTX, Automatic, GTL (depuis 83), 1647 cm3 (80/85)	412	4921
20 L, TL, GTL (76/82)	362	4872
20 LS, TS, TX (77/83)	377	4886
20 D, 20 D Turbo, 30 TD Turbo (80/84)	409	4918
21 essence sauf Turbo jusqu'à fin de fab.	710	12686
21 Diesel jusqu'à fin de fab.	487	11853
Laguna essence phase 1 et Diesel - TD (94/97)	574	11665
Laguna phase 2 essence 1.8 - 2.0 et Diesel 1.9 dti et dci (98/00)	634	18213
Laguna 2 diesel (depuis 01/01)	653	19362
25 essence et Diesel jusqu'à fin de fab.	730	17587
Safrane E et D - TD phase 1 jusqu'au modèle 1996	722	12939
Safrane essence et Diesel phase 2 (depuis 97)	617	16985
Espace 4cyl. E et D - TD depuis 1984	709	11181
Espace E phase 1 et D - TD depuis 97	603	15069
Trafic essence ; traction AV et 4 x 4 (81/92)	429	11843
Trafic Diesel (tract. et prop.) (81/98)	122	12384
• Trafic Diesel (depuis 5/01)	655	18975
Master T30D, P30D, T35D, P35D (80/98)	113	11821

ALFA ROMEO

Alfasud & Coupé Sprint (73/85)	346	4854
33 tous types (83/89) - Sprint (85/89)	451	11386
33, 2 & 4 roues motrices depuis 90	090	11660
Alfetta 1600-1800-2000 (73/77)	36B	4869
145/146 essence 1.3-1.6 Boxer & Diesel	595	14237
147 essence et Diesel	658	19298
156 ess. 1.6 - 1.8 et 2.0 Twin Spark (sauf Selespeed) Diesel 1.9 et 2.4 JTD	627	17693

AUDI

50 & VW Polo (75/77)	363	4873
80 L-GL-GLS & GLE (1979/1986) 3e génération depuis 1987	417	4926
80 et 90 essence 4 et 5 cyl. Diesel (atmo. et Turbo)	735	18425
80 mot. 4 cyl. ess. & Diesel & TD depuis 1992	556	13521
A3 Diesel (SDi - TDi 90 - 110 CH)	616	16332
A4 4 cylindres essence et Diesel -Di- TDI 90 CH et 110 CH Sauf Quatro et Tiptronic jusqu'à 02/99	581	12526
100 S-100LS-100GL & Coupé (68/76)	321	4830
100 4&5 cylindres essence (83/91)	455	11847

AUSTIN ROVER

Mini tous types & Innocenti 90 et 120 (59/92)	343	11831
Austin & MG Metro (80/92)	428	12188

AUTOBIANCHI

A112 tous types (71/86)	315	4825

BMW

Serie 3 essence depuis 83 et jusqu'à 91	448	11573
Serie 3 essence (91-93) Diesel (91-96)	725	14390
320d et 330d (04/98 à 10/2001) moteurs 4 et 6 cylindres Diesel	645	18855
Serie 5 essence (72/88)	356	11738
Serie 5 essence et Diesel TD (88/91)	521	11392
Serie 5 Diesel depuis 96	594	14236

DATSUN

Cherry 100A -120A & F11 (72/79)	349	4857
Cherry 1000 à 1500 A & E (79/83)	427	4936

FIAT

Cinquecento (92/98)	571	11662
127-127 Spécial-Brava-Super-Sport-Fiorino essence (72/85)	319	4828
132 et argenta (72/85)	378	4887
Panda tous modèles (80/92)	715	11187
Uno E jusqu'à 95 - D & TD jusqu'à 90 - Fiorino D (88/90)	714	11186
Punto essence 1.1 & 1.2 & Diesel (93/98)	566	10893
Punto essence et Diesel depuis 10/99	739	18475
Tipo et Tempra ess. tous moteurs Essence et Diesel jusqu'à fin de Fab.	713	12687
Ritmo et Regata essence sauf Abarth (78/90)	392	4901
Ritmo - Regata Diesel - Turbo Diesel (80/87)	421	4930
Bravo & Brava essence 1.2 - 1.4 - 1.6 et 1.8 & Diesel (atmo.) (95/99)	585	13090
Croma ess. (85/93) - TD & TDI (86/92)	712	11184
Ulysse essence & Diesel (95-98)	855	12561
• Ulysse Diesel (depuis 09/02)	856	19755
Scudo Diesel	590	13762

FORD

Ka essence	604	15070
Fiesta & XR2 tous types (76/84)	373	9342
Fiesta essence (84/89)	449	4958
Fiesta essence moteur Zetec 1.25 et 1.4 (96/00)	600	14251
Fiesta essence & Diesel (atmo. et Turbo) (89/96) - Ford courrier	512	11575
• Fiesta essence (depuis 05/02)	671	19758
Escort tous modèles (68/75)	272	4793
Escort et Orion trac. AV Carbu-Inj. (80/84)	410	4919
Escort et Orion de1984 (Diesel) 1986 Essence à 1990	736	18426
Escort et Orion essence et Diesel depuis 1991	717	11189
Sierra 4 cyl. essence (8 soup.) et Diesel TD jusqu'à fin de fab.	716	11188
Mondeo essence & Diesel TD (93-00)	723	12940
Mondeo 2 Diesel depuis 09/00	648	18858
Scorpio 4 cyl. essence (85/94)	510	11857
Taunus 1300 à 2000 (76/82)	366	4876
Maverick Diesel jusqu'au modèle 97	586	13445
Galaxy Diesel TDi 90 ch et 110 ch	599	14676
Focus essence 1.4 - 1.6 - 1.8 et 2.0 - Diesel 1.8 TDdi 90ch	738	18537
Transit Diesel depuis 86 utilit. A0407 (86-94)	148	11740

IVECO

Daily et Turbo Daily depuis 78	117	11822

JEEP

Cherokee essence et Diesel (84/91)	529	11741

LADA

1200-1300-1500 et 1600 (73/87)	360	4870
Niva 4x4 essence-Diesel jusqu'au modèle 94	435	11844
Samara (87/94)	499	5004

LANCIA

Dedra essence et Diesel sauf 4x4 (89/92)	535	11862
Thema 4 cyl. essence, D et TD (84/93)	081	11743
Zeta essence et Diesel (95-98)	855	12561
• Phedra Diesel (depuis 06/02)	669	19755

LAND ROVER

Defender et Discovery moteurs 200 et 300 TDi (90-98)	564	10891

MAZDA

323 sauf break et 4x4 (89/93)	552	9269
626 sauf 4x4 essence et Diesel (88/91)	528	11861

MERCEDES

190 4 et 6 cyl. essence 4 et 5 cyl. Diesel (jusqu'à la fin de fab.)	465	4973
C200D, C220D et C250D (94/95)	578	12524
200 D-220 D et 240 D 3.0 (68/76)	323	4832
200 D-220 D-240 D-300 D (W123) (76/80)	400	4909
200 à 300 (W124) ess. (85/92) & D (85/94)	727	16301

MITSUBISHI

Pajero Diesel (83/92)	517	11860

NISSAN

Patrol et Patrol GR Diesel 6 cyl. 2.8 (81/98)	541	11865
Primera 1.6 essence et 2.0 Diesel (90/92)	545	9142
Primera essence 1.6 et Diesel (turbo) depuis 10/96		626
17495		
Micra (93/95)	572	11663
Terrano Diesel II jusqu'au modèle 97	586	13445

OPEL

Corsa A essence et Diesel (83/93)	718	11190
Corsa ess. et Diesel depuis 10/00	741	18780
Corsa B -Combo - Tigra essence et Diesel de 1993 à 2000	563	10843
Kadett D essence (80/84)	405	4914
Kadett E tous types (jusqu'à la fin de fab)	461	11849
Kadett Diesel D et E (82/90)	084	11382
Zafira Diesel moteurs Diesel 2.0 Di et DTi	633	18212
Astra F essence et 1.4 - 1.6 - 2.0 (8 et 16 soupapes) Diesel 1.7 (atmo. et Turbo) 92/93	547	12655
Astra G (depuis 04/98) essence 1.4 -1.6 - 1.8 (8 et 16 soupapes)	740	18856
diesel 1.7 TD - 1.7 DTi 16V - 2.0 Di 16V - 2.0 Dti 16V		
Omega B diesel 6Cyl. 2.5 (Turbo) jusqu'à 9/99	623	17492
Vectra essence 4 cyl. et Diesel (atmo. et Turbo) jusqu'au modèle 95	515	12693
Vectra depuis mod. 96 4 cyl. essence et Diesel 1.7- 2.0 (82Ch)	728	13868
• Vectra C Diesel (depuis 06/02)	673	19760
Rekord E essence et Diesel (75/80)	402	4911

ROVER

Série 100 essence et Diesel (90/93)	549	9148
Série 200 et 400 ess. 1.4-1.6 Diesel (90/96)	562	11868
Série 200 ess 1.4 - 1.6 depuis 96	612	16323
420 Diesel (96/98)	598	14674
Série 600 essence et Diesel (93/96)	584	12528

SANTANA/SUZUKI

S 410 et S 413 Samuraï + Santana (82/94)	502	11855
Vitara 4 cyl. essence et Diesel (90/97)	553	13518

SEAT

Ibiza, Ronda P, Malaga essence (84/89)	473	13913
Ibiza, Cordoba essence 1.0 à 1.6 et Diesel (depuis 93)	567	11195
Toledo essence et Diesel (91/98)	554	9273
• Tolédo/Léon Diesel	640	18523
Alhambra Diesel (TDi) 90 et 110 ch	599	14676

TOYOTA

Carina E essence 1.6 et Diesel	591	13839
Land Cruiser BJ et HJ4 et 6 cyl. Diesel (74/88)	019	11381
Land Cruiser LJ 70 et 73 Diesel (85/93)	493	11751
Lite Ace essence 1290 et 1486 (80/86)	469	9049
Hilux 4x4 Diesel depuis 89	575	11908
RAV 4 essence	597	14575
Toyota Yaris 1.0 essence	636	18372

VOLKSWAGEN

Coccinelle type 1 et utilitaires type 2 (depuis 68)	317	13773
Polo 900 et 1100, Derby et Audi 50 (75/82)	363	4873
Polo essence (81/93)	425	11841
Polo essence 1.3 - 1.4 - 1.6 depuis 1995 (8 et 16 soupapes)	579	12525
Golf-Scirocco-Jetta essence (jusqu'à 84)	731	17585
Golf-Jetta Diesel - Golf Turbo D (77/83)	385	4894
Golf et Jetta II E-D et TD (jusqu'à fin de fab)	719	11191
Golf III et Vento depuis 92 moteurs 4 cyl. essence et Diesel Td et TDi 90 ch	720	12690
Golf IV et Bora essence 1.4 - 1.6 - 1.8 (depuis 01/98)	618	16984
Golf IV Diesel SDi - TDi 90 - 150 ch (depuis 01/98)	622	17491
Passat L-S-LS et TS (73/81)	337	4846
Passat-Santana essence tous types (82/85)	457	4966
Passat essence, D et TD (88/96)	524	11393
Passat Diesel depuis 10/96 TDI 90 -110 - 115 ch	625	17494
Passat Diesel depuis 10/00 1.9 TDI 100 - 130 ch	665	19299
Taro 4x4 Diesel depuis 89	575	11908
Sharan Diesel (TDi)	599	14676
Transporter essence et Diesel (79/90)	732	17584
Transporter Diesel TD et TDi 90 ch et 110 ch (91/98)	182	8478

VOLVO

340-360 tous moteurs essence jusqu' à fin de fab.	416	12438
440-460-480 tous moteurs essence jusqu'en 1993	540	8909
240 E&D depuis 82 - 740 E&D, 760 4 cyl. E. et 6 cyl. TD (82/87)	479	11851

• = nouveauté • = À paraître

E-T-A-I

20, rue de la Saussière
92641 Boulogne-Billancourt Cedex, France
Téléphone : 01 46 99 24 24
Télécopie : 01 48 25 56 92
www.etai.fr

Conception graphique : Atelier Frédéric Causse

Dépôt légal 1er semestre 2004
Imprimé et relié en Europe
ISBN : 2-7268-9363-5

Archives E-T-A-I